U0055965

一日三餐減醣料理

單週無壓力消失2kg的美味計劃
72道低醣速瘦搭配餐

娜塔 *Nata*／著
李錦秋〔泰安醫院營養師〕專業審訂

目錄 CONTENTS

BREAKFAST

PART 2

日系咖啡館風的活力
減醣早餐

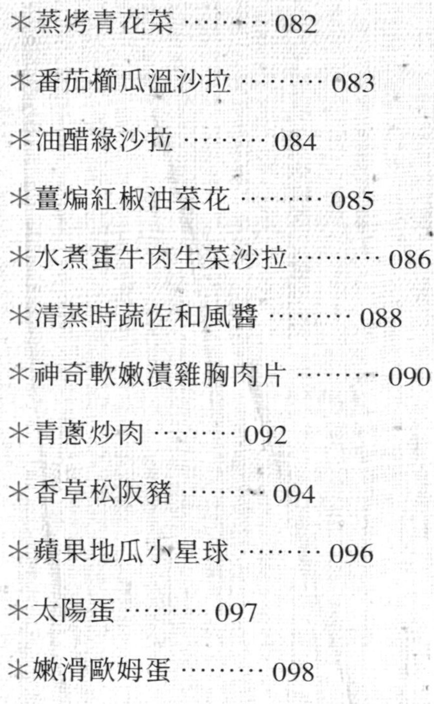

LUNCH

PART 3

家常便當菜的豐盛
減醣午餐

DINNER

PART 4

豐富多變的輕食風

減醣晚餐

減醣不減健康，最開心的瘦身法！

減重永遠是最夯的話題，現代人飲食多變化，三餐常常吃義大利麵、燉飯、牛肉麵、蛋糕、甜甜圈等，或者把含醣飲料當水喝。飲食中少了蔬菜和水果，這些不夠均衡的飲食行為造成身體肥胖，也造就了現代人許多的文明病。從這角度來看，如果可以適當地減醣、控醣，並且讓飲食能均衡些，何樂而不為呢？

每次提到減重，大家都知道不能吃炸的要少用油，甚至總是用清蒸水煮的方式來烹調食物，但過度的限制油脂反而讓身體沒有飽足感，也容易影響到身體的代謝，同時腸道因為缺乏適量的油脂，也造成有便祕問題的人，便祕情況越來越嚴重。

減醣健不健康，到底能不能執行呢？這也是很多民眾不斷問我的問題，其實如果適當的減醣並且未達到生酮的情況之下，在控制熱量的同時，攝取到大量的

蔬菜、適當的蛋白質、油脂和水果，不但能幫助瘦身，也能讓身體攝取到足夠的維生素和礦物質，讓身體不再缺乏營養素，也是好事。

每次在減重門診中，總會遇到病人來問有關減醣減重的相關問題，「醣類」是什麼？「醣類」與「糖類」哪裡不一樣？什麼樣的人不適合減醣，對於減醣有很多的迷思，在這本書中都可以找到答案。

這本減醣書是作者娜塔親自執行過的，所有的食譜也都是娜塔減醣減重時經常搭配的料理，按照食譜來製作，不但能享受到美食，同時也能瘦身達到雙贏的效果，注重身材的你不妨一起來試試減醣料理吧！

泰安醫院營養師　李錦秋

我為什麼熱愛減醣，因為實在太幸福了！

這是史上第一次，周遭的人都說我瘦超多！擁有二十年減肥資歷的我，接觸減醣後，現在比生兩個孩子前還瘦，最重要的是：身體變健康、終於不用挨餓還能天天吃好吃的食物。對從小易胖難瘦的我來說，這真是不可思議到一個極點。天啊，這次我真的瘦了！

減醣之前，過去只要決心減肥沒有一次不是痛苦、忍耐然後放棄。一頭熱狂運動、三天兩頭餓肚子，為了減肥什麼能試都試（除了吃藥），這些熟悉到反胃的感覺，一路都覺得好辛苦。慘的是不但瘦不下來還越來越胖，午夜夢迴時，真的忍不住偷想：我會不會胖一輩子？

接觸減醣飲食的契機是在2016年年底，當時剛生完老二半年多，心想差不多可以進行產後減肥了，但那時候因為過去無數失敗的經驗，導致一點自信都沒有，嘴巴喊著想瘦，低頭一見鬆垮成坨的油腹卻實在提不起勁。沒想到這時有出版社邀我推薦麻生怜未營養師倡導的減醣書，看完後非常震驚，因為我過去從來沒嘗試過類似的方式，抱著姑且一試的好奇心，決定先進行14天看看。

沒想到令人驚訝的事發生了，按照書中的觀念自行設計菜單，吃2天我就瘦了1公斤、不到3週總共瘦下4公斤！外觀尤其明顯——像是褲頭鬆了、蝴蝶袖也消風好多，發生了前有未有的奇蹟，真的感到非常驚喜！不僅過去從來沒瘦得如此有成效，我也未曾感受過真正消脂的感覺，除了驚嘆連連更增強無比信心，加上執行起來輕鬆又愉快，不知不覺就這樣減醣超過一年。

在這段時間裡，我不僅每天都吃好、吃飽，還穩定持續瘦，即使身兼母親跟文字工作者身分，常忙到抽不出時間運動，遇到節慶或出遊也毫無節制放縱，但只要回到減醣軌道就能輕鬆保持身材。每當有人看到我吃驚地說：「差點沒認出妳」「天啊！妳瘦好多」時，雖然很納悶過去在他們心中到底有多胖？但那種終於踏進瘦子圈的感覺，坦白說是真的很開心！

以前對減肥的印象永遠是「好容易餓」、「吃得好可憐」，光想到又要進入節食地獄就會鬱悶難耐。於是我對減肥失敗的覺悟就是：吃不好完全無法堅持！

減醣之所以讓我持續到現在，除了因為這樣吃可以變瘦又健康，最重要的是再也不用老是吃燙青菜、蒸雞胸這些淡而無味又乾巴巴的食物，可以吃得更豐富、更滿足，而且美食當前完全沒有在減肥的感覺，才是真正讓我持之以恆的主因。

為什麼熱愛減醣，就是因為太幸福了啊！
為了讓時常傷神、不知怎麼吃的困擾不再，希望跟我一樣熱愛美食、注重健康、追求「快樂吃就能瘦」的人都能擁抱幸福，這本實用的減醣搭配書在我反覆研究體驗下終於誕生了！看完相信你一定會燃起滿滿動力，一起感受減醣的美好。

娜塔 *Nata*

減醣飲食帶給我的驚人變化

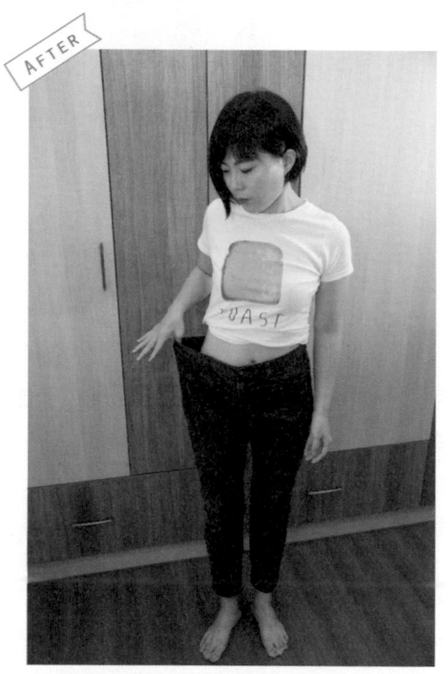

我是娜塔，今年37歲、164公分。這是減醣前後的我，穿同一條褲子讓大家看這個不可思議的差距。拜減醣之賜，生了兩個孩子竟比20歲時還瘦，只不過飲食調整就從原本的61kg輕鬆變成51kg，而且維持超過一年不復胖。誰能想像在這之前，我減了二十年不曾真正瘦過，減醣卻能讓我比學生時期更瘦！代謝差的中年比代謝佳的雙十年華纖細，怎麼想都覺得不可思議。

想成功減重，必須先重建信心

愛漂亮的我從國中起就懼怕肥胖，只是沒想到反反覆覆沒變瘦也就罷了，竟然還越來越胖！婚後從2012到2016年陸續生下兩個孩子後，最胖時一度接近80kg，第一次知道自己原來可以這麼胖，真是不敢想像！人一胖就顯老，走到

錯誤的減肥讓我一年比一年更胖！

哪都嬸味濃厚，漸漸變得不愛拍照，想不起曾經也愛漂亮過，所有的衣服都是長版、寬鬆、遮腹蓋臀。自信不斷削減，覺得自己離時尚好遠、好遠。

有些人減肥是為了可以穿著性感、露出自己最自信的部分；我則是熱衷穿著有型有款，一直憧憬穿襯衫很挺、隨便套個T恤都看得出身型曼妙，或許理由有點特別，但卻是我長年熱衷瘦身的最主要原因，那種渴望始終沒變過。雖然體重攀到高峰時想到這夢想會有點難過，畢竟越離越遙遠，更沒志氣地想只要不繼續發胖就滿足了。

初接觸減醣是在我生下老二、餵母奶半年後展開，進行前的我雖然一如往常嚷著想瘦，內心深處卻極度沒自信，畢竟減這麼多年，試了一堆方法都沒效果也無法持續，是能多有信心？

一提還被老公酸：「又來了，別白費力氣啦」、「其實這輩子我覺得妳都不會瘦」，但他講話這麼刻薄也不能全怪他，因為在一起十多年，他深知我愛美歸愛美，易胖愛吃的本性卻難移，交往後我體重不斷攀升，年年喊想瘦但沒有一次成功。

減醣飲食，讓我持續瘦下去

如果有看過我的網路文章〈我為什麼一直想減肥〉，一定都知道我曾付出過各種努力。但多數減肥方法常吃得很壓抑、要不就是運動量極高，對家有小小娃常睡不飽又忙得團團轉的媽媽來說，不能好好吃，累了一天還要想辦法逼自己大量運動，一時興起或許能撐個幾天，但長期下來到底能持續多久？

參考減醣的方式後非常心動，好奇地想：「真的可以吃得飽又瘦得多嗎？」反正從來沒試過，如果堅持14天沒什麼效果的話那再想辦法好了。結果誰能想到竟出現我這輩子最驚人的瘦身奇蹟：減醣不到3週我就瘦了4kg、體脂瞬間從32%變28%，在我還沒完全意會過來就瘦了！而且十分明顯先從油脂最多的腹部、蝴蝶袖等部位開始，這確實太驚人了！那種欲罷不能的感覺很難形容，像是一種勢如破竹般的力量來了擋不住、沒辦法停下來就是想繼續，非常神奇。

一年的時間因減醣自然瘦下10kg，是向來易胖、減肥無數次的我，第一次見到這樣的情況在我身上發生！

吃得更加飽足，也不怕來回復胖

一開始我吃得非常簡單，就是查了幾個常吃的食物醣分做搭配，完全沒採用任何厲害的烹調手法，分量還吃得比以前任何瘦身餐都多，偶爾真的飢餓時也會補充一些低醣食物。在完全不覺得辛苦的情況下，不但穩定的瘦，精神大幅提振、皮膚也變得細緻有光澤，最令人欣喜的是，過去常感冒的我竟一年內完全沒感冒！正因為不斷感受減醣是如此健康地改變我整個人，才能愉快地持續至今。

減醣半年

減醣一年

目前

這段期間在孩子家庭與文字工作間兩頭忙得不可開交，運動的機率不多、過程中偶爾會出遊或慶祝節日，但身材完全不像以前那麼容易復胖，這點也是前所未有的，這應該全都要歸功於平時讓我吃飽、吃好，不覺得自己在減肥的各種減醣搭配。

餐餐吃得豐富滿足，自然就不會老想著垃圾食物，實際上回歸了自然健康的美味，再去吃那些高醣或多餘添加的加工食品反而覺得滋味貧乏，這毋需多說、請細細感受，聰明的味蕾會自己去分辨的。

自製減醣搭配餐，真正消耗脂肪又速瘦

後來我慢慢發現減醣的樂趣比我想像的還要多太多，以前控制卡路里不敢吃的油或肉，現在都能吃了，減醣時用餐的美味度大幅提升，只要不覺得痛苦就能一直持續，這對生活缺乏美食無法忍受的我而言非常重要，吃是人的本性也是活著的樂趣啊！一味苛刻違反天性、把維持身材視為常人難以企及的夢想，怎麼想都不合理。

這一年多來，有時間我就做讓自己開心也吃得滿足的減醣套餐，沒時間就運用減醣原理快速搭配、外食怎麼選擇也越來越精。坦白說想瘦得有效果並獲得健康的最好方式還是自己料理，但我依據生活的經驗，也明白每個人在不同階段有不同任務需挑戰或衝刺，並不是人人都能每天投注大量的時間全心全意減肥，所以這本書出版，就是希望幫助大家在搭配減醣三餐時，能夠快速掌握原則、找到方向，提供了搭配示範和更多靈感做變化，讓你的減醣生活動起來、找回吃的樂趣，漸漸地你會發現自己原來可以這麼好看！

這麼健康又能確實消耗脂肪的方法，你為什麼不試？有什麼理由不試！這輩子，每個人都應該「看到真正的自己」，別說擁有美麗外貌是膚淺，從打理好自己做起，擁有自信，做任何事勢必順利愉快。

低醣飲食怎麼吃？

「醣」到底是什麼？

醣就是碳水化合物，更精確的算法為：碳水化合物－膳食纖維＝醣。

多數人以為澱粉、水果、烘焙糕點才含有，其實絕大多數食物中普遍都含有醣分，它們之間的差別只在含量多寡。

・「醣」與「糖」有什麼不同？

糖指的是精緻糖，像是果糖、砂糖、蜂蜜、麥芽糖等，舌頭一嚐立刻感覺到甜的食物，食用後吸收迅速，會直接讓血糖升高。而醣是所有糖的總稱，幾乎所有的食物中都含有醣分，像是奶類、蔬菜、五穀根莖等都有，吃進這類食物通常不會立刻感受明顯甜度，必須經過唾液（澱粉酶）分解成小分子葡萄糖才會被腸道吸收。

・為什麼攝取過多醣分會胖？

因為人的身體在消耗熱量來源時會先代謝醣分，然後才是蛋白質和脂肪。過量攝取醣分，身體的醣天天都來不及消耗掉，脂肪自然永遠排不上被消滅的行列；另外醣分一多，血液中的葡萄糖就會增加並讓血糖值上升，血糖一高會刺激體內胰島素分泌，胰島素會讓一部分醣儲存在肌肉或肝臟中，多餘的醣轉化成中性脂肪堆積體內、漸漸形成肥胖。所以低醣分的飲食能促進脂肪分解，持續執行就能達到瘦身的效果。

・減醣飲食的攝取標準和範圍

每天攝取50～100g醣分都是低醣飲食的範圍，在這個範圍內均衡飲食除了能幫助瘦身也能讓身體更健康；但是要達到瘦身效果的話，會建議每天攝取的總醣分控制在50～60g之間。

攝取標準：每餐≦20g醣，早午晚三餐總和在50～60g醣

攝取足量蔬菜與優質蛋白質

蔬菜含有豐富的膳食纖維，膳食纖維有別於一般的精緻糖或澱粉、不被腸道吸收分解，也不會造成血糖的上升。減醣時請多以醣分低的深綠色蔬菜為主，每天至少吃重量達300～400g的蔬菜，不僅有益達到一天膳食纖維25g的攝取目標，還能促進腸道蠕動、預防便祕。

蛋白質在營養成分的標示是「粗蛋白」，在肉、魚、海鮮和豆類食物中最豐富。身體有足夠的蛋白質才能讓肌肉維持穩定，要知道肌肉本來就會隨著年紀增加、缺乏運動和不當節食而慢慢流失，肌肉一旦不足人就容易肥胖，所以瘦身時務必記住要攝取足夠的蛋白質！

減醣期間的蛋白質攝取量是依照本身體重去計算，每1kg體重每天需攝取1.2～1.6g蛋白質，例如一個人體重60公斤，他在減醣期間每天應攝取72～96g的蛋白質。肉、魚、海鮮和豆類這樣的動植物性蛋白質都可拿來做均衡搭配。

一日所需蛋白質簡易計算：

早餐 ▸▸▸ 吃100g肉類＋1或2個雞蛋
午餐 ▸▸▸ 100g肉類
晚餐 ▸▸▸ 吃100g海鮮

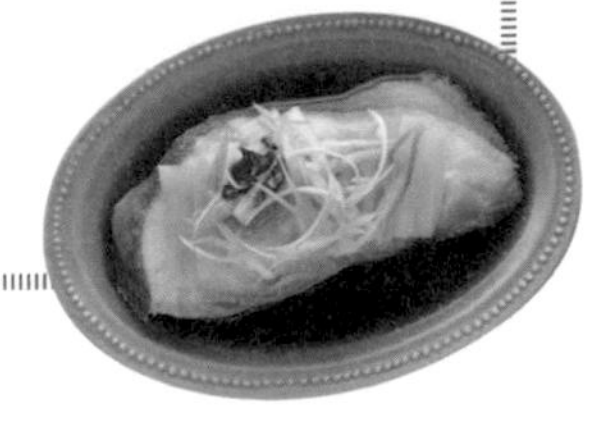

〔減醣小叮嚀〕*Note*

減醣時所有食物都可以吃，但請優先注意食物的含醣量，再看總熱量是否達到自己的基礎代謝率，每天攝取50～60g醣並保持營養均衡，這樣既有彈性也更容易執行。

放心吃好油，不再計較熱量數字！

過去著重熱量的減肥方式常讓人對油脂懼怕不已，很怕吃肉、炒菜不敢多放油、很多食物都要水煮或是過水去油才放心，斤斤計較卡路里的結果是不但減肥過程很痛苦又吃得索然無味、動不動就覺得餓，結果瘦不到哪去還很容易復胖、時常便祕。

減醣後這種煩惱終於消失了，可以開心的吃含有油脂的食物也能加少許油烹調。慎選好油（例如，品質佳的冷壓初榨橄欖油、椰子油、芝麻油及亞麻仁油）烹調的食物香氣會更豐富也更好吃。如此一來，腸道獲得滋潤，便祕說掰掰了，還能讓身體很有飽足感。

減醣飲食的油脂攝取會比過去認知的飲食提升一些，占每天總熱量攝取的40%左右。許多食物本身即含有脂肪，額外增加少量油脂（每餐不超過3小匙油）烹飪，日常適度攝取，不用吃得太清淡也不過於油膩，這樣用餐時會覺得更舒服、更愉快。

〔減醣小叮嚀〕*Note*

在搭配一餐的時候需先注意蔬菜和蛋白質分量，計算完他們含有的醣分後，再視不足的部分去補充堅果、奶類、澱粉或水果等食物。讓自己保持飲食均衡，搭配出豐富美味又有飽足感的餐點。

減醣瘦身法快速入門及維持

醣分及熱量的計算方式與查詢

天然的食物和加工的食品，醣分的計算方式不太一樣。這部分必須先瞭解清楚，之後在參考或查詢時就會很順手。

一、有包裝請優先參考包裝上的營養標示

手邊的食物若有包裝通常都會有詳細的營養標示，熱量會優先標示，然後會看到蛋白質和碳水化合物（醣分），這三個是提供身體所需的三大能量。大部分人剛接觸低醣飲食，對碳水化合物的計算是最不熟悉的。

具體的醣分計算方式是「碳水化合物－膳食纖維＝實際攝取的醣分」。

營養標示 Nutrition Labeling

每100公克 Per100g	每100公克提供每日營養素攝取量基準值之百分比 Percentage of Daily Value of Nutrient Intake provided by per 100g		
熱量 Energy	397.2大卡	(Kcal)	19.9%
蛋白質 Protein	11.8公克	(g)	19.6%
脂肪 Fat	7.9公克	(g)	14.3%
飽和脂肪 Saturated Fat	1.9公克	(g)	10.5%
反式脂肪 Trans Fat	0公克	(g)	
碳水化合物 Carbohydrate	68.6公克	(g)	21.4%
糖 Sugar	1.9公克	(g)	
鈉 Sodium	1.8毫克	(mg)	0.1%
膳食纖維 Dietary fiber	10.5公克	(g)	52.5%
膽固醇 Cholesterol	0公克	(g)	0%
β-聚葡萄糖 β-glucan	4.2公克	(g)	

橘色框線的碳水化合物68.6公克－綠色框線的膳食纖維10.5公克＝醣分58.1公克，也就是每100g重量的食品中含有58.1公克醣的意思。

二、上台灣的FDA食品藥物消費者知識服務網查詢

有些食物沒有包裝可以參考營養標示，像是米飯、蔬菜、肉類、豆類等，尤其是菜市場買的食材大部分都沒有標示時該怎麼辦？別擔心，衛生福利部食

品藥物管理署（FDA）設了一個食品藥物消費者知識服務網，裡頭有個食品營養成分查詢的網頁。大部分食物都能在這個網頁查到詳細的營養標示，而且除了醣分、熱量、蛋白質外，其他各種營養素的數據也非常詳細，是最適合台灣在地食物的營養參考依據。

▲ 網址： https://consumer.fda.gov.tw/Food/TFND.aspx?nodeID=178

STEP1

在關鍵字空欄輸入想查的食物（例如地瓜葉），按下搜尋鍵，看到出現適合的樣品名稱請點進去。

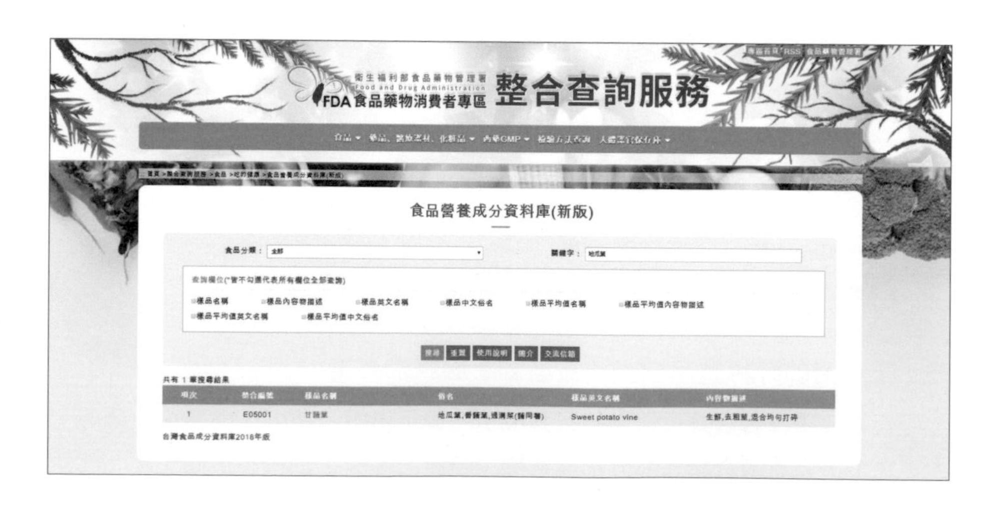

STEP2

接著會出現詳細的食品營養成分，其中橘色框線中「總碳水化合物」這一行的數值就是食物含有的總醣分，將總醣分扣除藍色框線的膳食纖維，相減獲得的數值就是該食物醣分。

例如，以地瓜葉為例：每50g就是總碳水化合物2.2公克－膳食纖維1.6公克＝醣分0.6公克。

也可輸入不同的食物重量，圖片中綠色框線的部分是可自行輸入做計算的，這在搭配餐點時很方便。其他熱量、粗蛋白（蛋白質）、粗脂肪（脂肪）、膳食纖維與維生素等成分都有清楚標示，一目瞭然。

食品分類	蔬菜類
資料類別	樣品基本資料
整合編號	E05001
樣品名稱	甘藷葉
俗名	地瓜葉,番藷葉,過溝菜(藷同薯)
樣品英文名稱	Sweet potato vine
內容物描述	生鮮,去粗莖,混合均勻打碎
廢棄率	20.1%
每單位重(可食部分)	1 x 0.0克 = 0.0克
計算每	50 克成分值

更新顯示 匯出Excel

分析項分類	分析項	單位	每100克含量	樣本數	標準差	每單位重(0.0克)含量x1	每50克含量
一般成分	熱量	kcal	28			0	14.0000
一般成分	修正熱量	kcal	22			0	11.0000
一般成分	水分	g	90.9	5	0.7000	0	45.5000
一般成分	粗蛋白	g	3.2	5	0.2000	0	1.6000
一般成分	粗脂肪	g	0.3	5	0.2000	0	0.1000
一般成分	飽和脂肪	g	0.1			0	0.1000
一般成分	灰分	g	1.2	5	0.2000	0	0.6000
一般成分	總碳水化合物	g	4.4			0	2.2000
一般成分	膳食纖維	g	3.3	5	0.6000	0	1.6000
糖質分析	糖質總量	g	0.0			0	0.0000

每日減醣控制的基本概念

剛開始執行的時候，飲食的目標設定在一天總醣分攝取含量為50g～60g之間，同時攝取熱量需達到自己的基礎代謝率（BMR）。

基礎代謝率就是人在什麼也不做狀態下、身體本身運作就會消耗的最低熱量，算這個就是要知道自己一天至少要吃足多少熱量。為什麼每天吃進的熱量一定要達到個人的基礎代謝率？因為長期吃不到基礎代謝量，身體會以為你不需要，就一直讓代謝變低，一旦變低後，能吃的食物量會越來越少，日後只要攝取稍微超過基礎代謝率，就很容易發胖！

而減肥期間，建議一天吃進的熱量要高於基礎代謝率，但不超過每日所需總熱量。

基礎代謝率的計算方式

男生BMR＝66＋（13.7×體重）＋（5.0×身高）－（6.8×年齡）
女生BMR＝655＋（9.6×體重）＋（1.8×身高）－（4.7×年齡）

活動程度數值	活動狀態
1.2	久坐族／無運動習慣者
1.375	輕度運動者／一週一至三天運動
1.55	中度運動者／一週三至五天運動
1.725	激烈運動者／一週六至七天運動
1.9	超激烈運動者／體力活的工作／一天訓練兩次

每日所需總熱量＝基礎代謝率×活動程度數值

〔減醣小叮嚀〕*Note*

等熟悉以上基礎觀念之後，再學習如何平均分配每餐的醣分及熱量，只要每餐≦20g醣（例如：早餐20g、午餐19g、晚餐18g）、每餐都控制在醣分20g以內，熱量只要注意有吃足夠，比較需要特別留意的還是醣分含量，並請注意攝取食物的營養分配是否均衡，盡量多吃食物的原形、少吃或避免加工食品。

讓減醣飲食事半功倍的5大原則

原則1・自己做菜請準備磅秤和量匙

減肥很鼓勵自己下廚的原因只有一個：唯有這樣，你才能準確掌控食物和調味內容！剛接觸減醣時，建議先按照書中的食譜製作及配餐，準備食物磅秤和大小量匙，在製作料理時會更得心應手，可以輕鬆做出跟食譜一樣美味的食物。

原則2・外食目測法

有時候一忙很難有時間料理，難免會外食。外食除了便利商店等購買的包裝食物具有清楚的營養標示外，餐廳或小吃的料理在判斷上會比較不容易，但還是有方法可以幫助減醣的。避免便當、丼飯、麵食這類高醣食物多的類型，請多以可自行配菜的自助餐、火鍋、清粥小菜或日式料理為主要選擇。

外食搭配菜色的基礎跟自己料理相同，都是先著重蔬菜和蛋白質後，再搭配其他食物。目測方式為蔬菜大約是兩個手掌、魚肉或海鮮蛋、豆腐類為一個手掌攤平的分量，然後可以選擇少量的澱粉及清湯；糖醋或濃郁醬料、芶芡的食物，減醣時要盡量少吃。

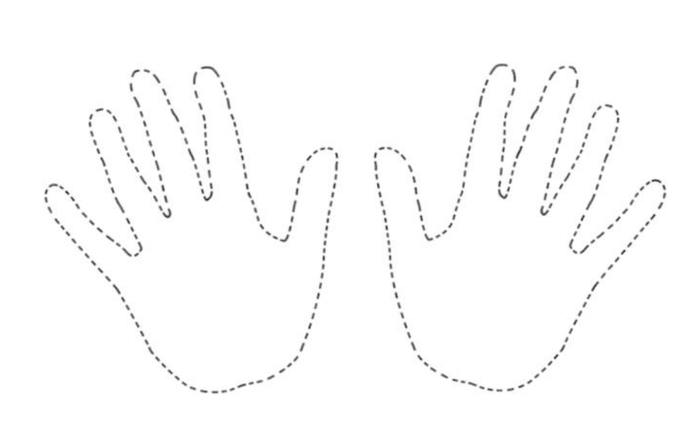

原則3・第一次執行請堅持14天

一般只要減醣3～7天就會開始適應，但第一週通常還在摸索當中，想養成一個好習慣一定要再堅持7天。慢慢減少醣分的過程中，很容易會反彈以及對高醣食物產生異常渴望，請一開始就充分限制醣分，這樣不僅對瘦身幫助大，還能堅定之後持續的動力。

當然，想瘦身不是只執行14天就好，規定這樣的天數先是讓自己養成習慣，同時也能明顯感覺自己精神奕奕、膚質變好、身體更健康，好處多到反而不想停下來呢！總之請先拿出「這14天無論如何我會做到」的決心，本書有非常清楚的實例示範，保持愉快心情，吃好、吃足就對了。

原則4・務必充足飲水

一天請喝足至少2000ml的水，是喝開水不是以茶或咖啡、果汁飲料等代替喔！在家很適合用大容量的水杯，一起床就可以先喝一杯溫開水，外出不妨自備方便攜帶的水壺或保溫杯，別渴了才喝或一次狂灌。每天均衡飲水，對健康跟代謝都很有幫助。

原則5・調整作息及適量運動

時常熬夜、睡眠少、休息時間不足，導致腎上腺素刺激食欲的類生長激素（Ghrelin，俗稱飢餓素）上升，會促進食欲，然後就會讓抑制食欲的血清素跟瘦體素（Leptin）都下降，讓人容易發胖又常想吃東西，這樣不胖也難。而運動是可以有效提升基礎代謝率的，除了減醣的飲食控制外，鼓勵大家一定要每週抽出時間多動，身體的代謝能力提升，自然就不易復胖。

減醣三階段——執行期、熟悉期、維持期

從不熟悉到逐漸掌握，減醣的不同階段會有不一樣的做法。簡單地說，每日醣分需維持在50～60g，來到熟悉或瘦到一定目標的中後期，為了讓效果提升，可以將三餐的醣分熱量調整成早餐＞午餐＞晚餐，從早至晚逐漸減少，但醣分依然是一天攝取50～60g之間，熱量需達到自身的基礎代謝率。

時期	做法
減醣執行期 執行1個月至半年內	每餐限醣≦20g、一日三餐加總為50～60g之間。
減醣熟悉期 有一定的熟悉度或接近設定目標時	調整為：早餐＞午餐＞晚餐醣分的限醣方式，例如早餐30g、中餐20g、晚餐10g醣 以三餐遞減的模式進行，並多增加運動幫助代謝。
減醣維持期 達到減肥目標後希望維持身材	達到目標後，可隨著運動計劃的增加、肌肉提升而漸漸提高每日醣分至100g內。（最低依然不可低於50g）

・達到瘦身目標後，未來該如何維持身材及調整飲食模式呢？

實際上，無論是否有減肥需求，減醣飲食本身就對身體健康有極大幫助。來到減醣維持期時，每日醣分只要能限制在100g以內，都在低醣飲食的範圍。但這時會建議自身的運動量也要隨著提高，常保持以攝取原形食物為主的健康飲食。

澱粉、水果等
高醣食物真的吃不得？

對喜歡吃甜點的人來說，減醣時要戒吃甜食這部分會覺得較辛苦。實際上，無論是否顧慮身材，精緻糖分多的甜食除了好吃之外，對身體健康並沒有什麼好處，即便沒有瘦身需求也不應常吃。

可是，澱粉食物如米、麵、玉米、地瓜、馬鈴薯等根莖瓜果的醣分都頗高，尤其是精緻過的白米、麵粉；水果也是，多數水果含有的醣分更是不容小覷。因為這樣很多人在減醣時都對澱粉、水果避之唯恐不及，甚至為了快速瘦身而拒絕食用。

但這樣做真的好嗎？

減醣飲食沒有不能吃的食物！

強調再強調，減醣時沒有任何食物是不能吃的，澱粉水果的醣分雖然比蔬菜肉類高出許多，但在每天攝取的營養中還是必需的，與其壓抑不吃還不如學習如何聰明攝取，而且時常變換著吃，也是生活中的一大樂趣啊！

先從澱粉來看，以全穀、少加工、原形食物優先食用是最好的。可以吃糙米就盡量少吃白米飯，能選擇高纖維含量的全麥或雜糧麵包，就盡量不挑白麵包或蛋糕。可以的話，以根莖豆類如地瓜、南瓜、玉米、芋頭、馬鈴薯、大豆，取代加工過的米麵、冬粉、米粉是更好的攝取方式。

每天吃好的、優質的澱粉，除了醣分熱量等能量直接補給，可以幫助膳食纖維、B群、維生素、礦物質等營養吸收，不僅增進飽足感，對減肥的運作也有幫助。

〔減醣小叮嚀〕*Note*

雖然低醣減肥時期，每餐食用到的澱粉實在不高，但是藉由提升蔬菜量、替代一部分澱粉食用量，就不用擔心吃不飽的狀況。別忘了蔬菜也含有醣分，不過它們的醣分遠比澱粉低許多，同時含有許多纖維質和營養素，所以啊！運用蔬菜替代澱粉不是聰明多了嗎？

調整傳統飲食習慣，巧妙搭配一樣能吃！

將過去把米麵視為主食的飲食習慣調整過來，每餐的蔬菜和蛋白質變身主角、米麵換做配角，這就是減醣飲食的核心重點。本書〈米飯與澱粉控的救星〉單元中，有示範了如何製作適合搭配三餐的各種澱粉食物，自製減醣餐時不妨做為參考。

再來看水果，水果的維生素C和礦物質含量高，對免疫力提升有幫助。但是，香甜水果中的果糖可不能小看，因為果糖被腸道吸收的速度是相當快的。這時候醣分含量較低的水果是好選擇，像是芭樂、草莓、藍莓、蘋果、小番茄、奇異果、葡萄柚等，除了醣分真的太高的水果（例如榴槤、釋迦）建議少吃外，實際上沒什麼水果是不能吃的。

有些失衡的飲食做法，常教人大量吃水果或吃單一水果減肥，這樣除了讓血糖快速上升外，攝取的醣分一不小心就會飆高，也是為什麼這樣吃不但不會瘦還導致容易復胖的原因。

高醣分食物的聰明吃法

・祕訣1

高醣分的食物最後吃，請記住這個原則。澱粉、水果擺在蔬菜肉類之後吃，目的在延緩血糖上升的速度，而且最後再吃可有效減少食用的分量，有助達成控制體重的目標。

・祕訣2

三餐都可以搭配澱粉，比較建議早餐跟午餐時搭配，也就是白天的時候補充澱粉就好；晚餐一樣可以吃澱粉，不過可以視情況調整為晚餐不吃，瘦身的效果會更顯著。

・祕訣3

大量運動後可額外補充少許含醣食物，尤其是重量訓練後，適當攝取一些醣分可使血糖上升、胰島素分泌，幫助胺基酸進入骨骼肌細胞合成蛋白質，達到增加肌肉的功效，但這部分建議諮詢專業健身教練或營養師後再執行。

・祕訣4

一天有一餐吃到水果即可，早餐或午餐是最適合補充水果的時間點，換句話說，活動力跟代謝較好的白天吃水果，營養吸收跟代謝醣分的效果都較好。

・祕訣5

水果跟澱粉不一定要同餐做搭配，因為兩種食物同時在一餐出現很容易醣分超標，若早餐決定餐點當中有澱粉，可以將水果移到午餐做搭配；或是早餐吃過水果了，澱粉就調整成午餐或晚餐時再搭配。

減醣飲食內容分配及食用順序範例

超簡易三餐搭配原理

減醣瘦身時，三餐如何搭配常令許多新手感到困擾，其實搭配的原理非常簡單，請先將這張基礎示範記住，做為今後的參考指標。

這張照片中的食物組成內容是：

蔬菜：水煮青花菜100g → 醣分1.3g、熱量28大卡。

蛋白質：雞胸肉排150g（加1小匙油香煎）→ 醣分0g、熱量200大卡。

澱粉：全麥麵包30g → 醣分13.5g、熱量88大卡。

水果：蘋果片30g → 醣分3.8g、熱量15大卡。

總醣分：18.6g醣　　總熱量：331大卡

・減醣瘦身餐搭配要點

每餐蔬菜100～150g重，蛋白質食物100～150g重，先決定蔬菜及蛋白質食物分量、瞭解它們的醣分後，最後才搭配醣分較高的澱粉、水果或其他食物。一餐的醣分搭配≦20g，三餐加總的醣分在50～60g之間、總熱量有達到自身基礎代謝率即可。

先學習以原形少加工的食物做搭配，用單純的鹽、胡椒調味，上手的速度其實超乎想像的快。

減醣搭配餐的好幫手——分隔餐盤與便當

・分隔餐盤

瞭解基礎搭配的要點後，接著請準備直徑約26～28cm的餐盤，挑選有感覺的器皿可以提振用餐精神讓心情飛揚。有分隔的餐盤可將菜色分開擺放，既清楚明朗又能讓用餐變成一種享受，有種「我要好好吃飯」的生活感，預告即將用心對待自己的身體。

在家用餐使用餐盤方便性高，還能幫助專注眼前餐盤中的餐點、避免在不清楚的情況下，挾取不必要的食物。在可以食用的減醣範圍內，請將菜色填滿餐盤，細細品嚐，讓自己獲得飽足感和元氣，才能處理更多工作、讓代謝活絡起來。

・分隔便當

在家使用餐盤，外出或求學工作時不妨試著幫自己帶減醣便當，有分隔的便當盒、能夠加熱或保溫的耐用款式會很方便。想瘦身、獲得健康，自己準備餐食是最好的方式，不過這部分先不要給自己壓力，還是要以能夠做到的範疇為優先，輕鬆愉快的執行才能養成好習慣，並持之以恆喔！

減醣三餐搭配原理

STEP1 先決定蔬菜分量，以深綠色蔬菜優先：

蔬菜每餐食用的重量至少100~150g，若覺得飽足感不夠可再追加100g，這是新鮮未煮食並去除不能食用的根蒂等部位後的重量。建議優先選擇低醣、高營養價值的深綠色蔬菜（如菠菜、青花菜、空心菜、地瓜葉、芥藍菜等），其他不同顏色的蔬菜也建議納入組合，幫助身體獲取不同營養。

・蔬菜重量每100g的醣分熱量數值範圍

蔬菜種類	含醣量	熱量
綠色蔬菜 菠菜、白菜、蘆筍、小黃瓜、高麗菜等	約含1～3g醣	15～30大卡
紅橘紫色蔬菜 番茄、胡蘿蔔、紅黃甜椒、茄子等	約含2～6g醣	18～40大卡
白色蔬菜 豆芽、竹筍、洋蔥、白花椰、白蘿蔔等	約含0～8g醣	18～42大卡
黑咖色蔬菜 菇類、木耳、牛蒡、海帶等	約含2～14g醣	30～85大卡

三餐加總後的蔬菜重量總和需達300～400g，如此一來，膳食纖維要達到一日25g的攝取目標就會很容易，適度添加油脂烹調也能幫助脂溶性維生素被吸收，多吃還能促進消化、避免便祕，所以請每餐先從多吃蔬菜開始。

STEP2 接著決定蛋白質分量：

充足攝取蛋白質含量豐富的食物（如肉、蛋、豆類、海鮮）對肌肉維持有幫助，無論選擇的是植物或動物性蛋白質都可以，一餐建議食用的重量為100～150g之間，選擇新鮮未煮食、去除骨頭及不可食用的部位後才秤重。

其中肉和海鮮的醣分大部分都是0，只有少部分含有微量醣分。建議肉類可以安排在白天食用，晚上則選擇醣分、熱量都偏低的海鮮，另外適度安排一些蛋及豆類食物做搭配可讓飲食更均衡，餐點的豐富度及變化性也隨著提升。

・蛋白質食物重量每100g的醣分熱量數值範圍

蛋白質種類	含醣量	熱量
肉類 雞、豬、牛、羊等	約含0～1.5g醣	150～350大卡
海鮮 魚、蝦、貝類、烏賊海產等	約含0～3g醣	40～200大卡
雞蛋1個 **鴨蛋1個**	約含0.8g醣 約0.1g醣	73大卡 125大卡
豆類 大豆、黑豆、毛豆、豌豆、豆腐製品等	約含1～18g醣	50～300大卡

雖然肉或海鮮的醣分極低，但別忘了蛋白質攝取不應過度，若是過量還是會轉化熱量屯積脂肪在體內的，請多加留意。

STEP3 剩餘部分由澱粉、水果或其他食物補足：

先將每餐必須吃到的蔬菜和蛋白質食物依據基礎原則決定分量，以每餐20g醣的基準去扣除它們的醣分，剩餘才由澱粉、水果、雜糧等醣分較高的食物補足。

蔬菜和蛋白質食物的醣分多半都很低，但是澱粉和水果的醣分明顯高出許多，所以食用的分量一定是前者高、後者少；食用的順序也是先從醣分低、不易造成血糖快速上升的優先，最後吃醣分較高的食物，這樣才能讓血糖保持平穩。水果直接吃原形、不打汁是最佳的，澱粉也是吃原形而非加工的最好。

由於澱粉和水果的醣分數值偏高，建議初學習還是事先查詢清楚並在食用前秤重。但也不要因為醣質較高就避而不吃，適量攝取對營養的補充及身體代謝都會產生幫助。

不過要注意的是，一餐若吃了澱粉常無法再食用水果，原因是兩者醣分都較高，建議可將這些醣質高的食物平均分配於三餐，奶製品、雜糧、飲料、湯品及其他食物也可加入組合變化，讓營養攝取保持均衡。

三餐這樣配，吃飽吃足照樣瘦

瞭解減醣時的基礎搭配原理後，來看看三餐的建議方向和標準示範：

一、早餐

建議吃較豐盛，豐盛指的是「質」好而非量多，以優質的蛋白質和蔬菜、奶類、油脂、多穀雜糧食物為主，想吃澱粉跟水果的話也盡量安排在早餐。若無太多時間準備的話，不妨選擇一些市售產品做搭配。

二、午餐

可選擇飽足感佳、調味適中的食物，蛋白質含量多的食物搭配蔬菜、少量澱粉會是較佳的組合。想自行準備便當的話，建議選擇一些容易攜帶或是重複加熱也美味的菜色。

三、晚餐

晚餐的醣分及熱量攝取可以較白天減少一些，以海鮮、蔬菜及調味清淡的輕食料理為主，可補充一些湯品增加飽足感。這餐吃或不吃澱粉都無妨，清爽無負擔的食物會是晚餐很好的選擇。

〔減醣小叮嚀〕*Note*

掌握每餐≦20g醣，三餐總和為50～60g醣後會發現，每餐的熱量自然會落在300～550大卡之間。不再什麼食物都只敢選擇低卡或水煮，烹調的自由度提升，每天都可輕鬆吃飽、吃足，能夠持之以恆的奧祕就來自於此。

示範❶

美好減醣早餐：

- 蔬菜：蒸烤青花菜（請參考P.82）
- 蛋白質：香草松阪豬（請參P.94）
- 澱粉：萬用披薩餅-瑪格麗特口味（請參考P.68）

總醣分：19.5g ／ 總熱量：495卡

示範❷

活力減醣午餐：

- 蔬菜：油醋彩椒（請參考P.114）、芥末秋葵（請參考P.120）
- 蛋白質：炙烤牛小排（請參考P.144）
- 澱粉：糙米飯20g（請參考P.64）

總醣分：19.7g ／ 總熱量：481卡

示範❸

輕食減醣晚餐：

- 蔬菜：小魚金絲油菜（請參考P.156）
- 蛋白質：居酒屋風炙烤花枝杏鮑菇（請參P.180）
- 澱粉：糙米飯30g（請參考P.64）

總醣分：19.3g ／ 總熱量：320卡

以上三餐加總的 **醣分為：58.5g ／ 總熱量：1296大卡**

充分明白減醣三餐的搭配原則後，可在外食和自行料理時更快掌握用餐內容，想知道如何活用可以參考本書〈14日外食與在家料理搭配示範〉及之後72道的食譜，食譜內容根據現代人飲食習慣，以最適合瘦身的三餐調配去設計安排，各食譜可以任意搭配組合，展現無限的變化。

營養師來解惑！減醣期間容易碰到的問題們

泰安醫院營養師 李錦秋

Q1：食譜中的食材分量請問是一開始秤還是煮完再秤呢？

A：全都是料理前先秤喔！蔬果請清洗後將不可食用的梗、蒂、殼、籽等部位去除後再秤，不用擔心煮好後食材縮水變輕，這是正常的。

Q2：遇到包裝沒有營養標示或是食品藥物管理署網站查詢不到的食材請問該怎麼辦？（例如：麵包店的紅豆麵包、小吃攤的大腸麵線）

A：減醣時什麼都可以吃，但執行初期建議以原形、未加工、單純的食物為主。若遇到真的很想吃卻又查不到營養成分的情況時，建議可以參考類似食材，例如：市場購入的黑米是與糙米營養成分相近的米種，這時可以用糙米的營養標示做為參考依據。

Q3：醣分很低的食物可以大量吃嗎？

A：減醣時看到肉或海鮮這類食物的醣分極低，很容易會產生：「狂吃這些就不用怕嘴饞或肚子餓」的想法，但是「再好的食物也不該一直吃」，各營養素都有每天需要的量，吃過多會轉化成熱量屯積形成肥胖，還是要注重飲食均衡、搭配不同食物才能幫助脂肪燃燒。

Q4：請問可以吃粥嗎？

A：減醣沒有限制吃的食物，但請注意粥中的澱粉糊化後，會讓醣分變成小分子的糖，不僅血糖升得快還會更容易被人體吸收，建議以糙米飯取代粥會是較好的方式。

Q5：餐與餐之間覺得飢餓的時候該怎麼辦？請問該如何止飢？

A：減肥時難免會遇到餓到受不了的時候，這時不用勉強，在餐與餐之間可以補充少量水煮蛋、無調味堅果、無糖豆漿、低鹽水煮毛豆解饞，食用時細嚼慢嚥並搭配飲水，飢餓感就會大幅減低。

Q6：男生跟女生的減醣方式有分別嗎？

A：沒有分別，醣分的控制都是一樣的，只要注意熱量需超過自己的基礎代謝率。

Q7：生理期可以減醣嗎？

A：月經來時一樣可以減醣，這時不需要大補特補甚至喝黑糖水、吃巧克力，注意避免食用生冷食物即可。

Q8：哪些情況不能減醣？

A：1. **糖尿病、心血管疾病、腎臟病不適合低醣飲食**：使用低醣飲食的同時，會拉高蛋白質和油脂攝取的比例，對於已有慢性病的朋友可能會造成臟器的負擔。

2. **發育中的幼兒與青少年**：有相關的研究證據指出，低醣飲食會影響發育。

3. **懷孕或哺乳的婦女**：懷孕婦女不適合減肥，哺乳時期的媽咪也需要充足的營養以備哺乳，請保持營養均衡，可以少吃添加精緻糖的食物，但是千萬不要在這些期間進行減肥。

Q9：吃素也可以減醣嗎？不能吃葷該用什麼替代呢？

A：當然可以，不吃海鮮、肉類也可以改用豆類、蔬菜、奶蛋（蛋奶素食者適用）、堅果、水果、植物萃取的油脂等做搭配，調味部分不妨多以簡單清淡為主，或添加昆布燉的高湯去變化，吃素一樣可以愉快減醣。

Q10：為什麼減醣之後會便祕呢？

A：會這樣有很多因素，但大部分便祕的人是因為飲水及運動量嚴重不足、膳食纖維攝取太少，更多人是因為不敢吃含油食物、時常水煮烹調，導致腸道缺乏油脂潤滑而造成蠕動不佳，自然就容易便祕。而減醣與過去只注重減少熱量的瘦身觀念全然不同，減醣是可以攝取適量好油脂及堅果等食物的。

Q11：請問減醣會減到胸部嗎？

A：只要減肥期間有均衡營養、蛋白質也有好好補充，基本上對胸部尺寸的影響不大。但肥胖的時候胸部脂肪也會跟著屯積，減肥導致罩杯縮小一些是正常的，若減少過多，則很可能是飲食內容不正確。

Q12：減醣遇到停滯期是正常的嗎？為了突破停滯我可以再減低醣分跟熱量嗎？

A：無論任何減肥都會遇到停滯期，減醣也不例外，停滯是身體正常的生理保護機制，這是減醣過程中一定會遇到的考驗，想突破請繼續堅持！不能吃更少或用不健康的方式，否則長期下來搞垮基礎代謝後，可是會更容易復胖，甚至還會影響到健康、得不償失喔！

〔本書使用方式〕

新手快速上手的準備要領、幫家人一起準備的省力訣竅

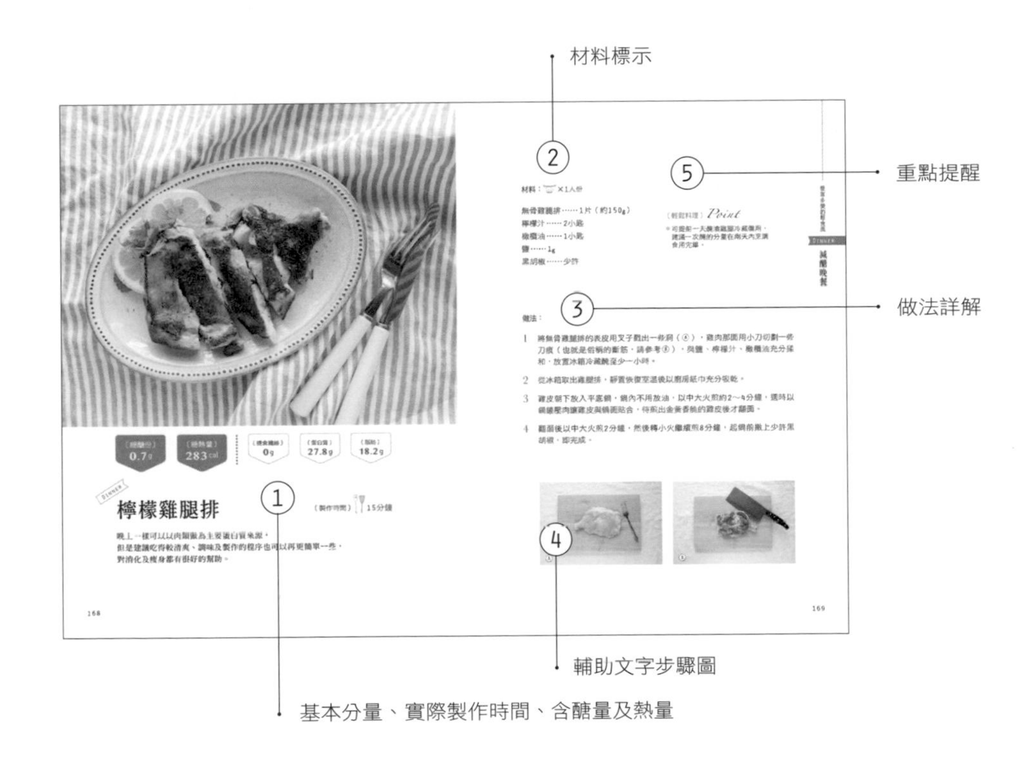

① 基本分量、實際製作時間、含醣量及熱量標示：

每道食譜的分量基本都是以新鮮製作的一人分做示範，少部分才是多人分。例如，適合一次多量製作或是較耐存放的料理。示範的食譜之間全都可以根據本書〈超簡易三餐搭配原理〉的說明自由搭配，同時標示出實際投入製作的時間（洗切及加熱的時間不列入計算），並標示每一分的含醣量和熱量，至於更詳細的營養標示請參考〈附錄：食譜營養成分速查表〉。

減醣三餐及澱粉食物食譜都建議新鮮製作風味最佳，其中午餐因考量多數人自己帶便當的需求，而特別設計為提前製作成常備菜也很適合的菜色。

② 材料標示：

1小匙＝5ml、1大匙＝15ml，其他幾乎都是以克數表示，材料都是生食的狀態就先秤重，需去除掉不能食用的部位（如梗、蒂、根、籽、枯爛部分等）洗淨瀝水後才秤，但雞翅、蛤蜊等，沒有特別標示要去除不可食用的骨、殼部分的食材，請直接依據材料標示秤出需要的重量。

③ 做法詳解：

請先瀏覽一次做法後，按照步驟的順序製作。

④ 輔助文字步驟圖：

有些做法全以文字說明會較難理解清楚，會針對初學者較難懂的步驟製作輔助說明的圖片。

⑤ 重點提醒：

遇到有需要一些烹飪技巧的食譜會額外標註重點提示，參考後能幫助做出美味的料理，針對適合保存的料理，也會特別標出存放的方式及時間。

幫全家人一起準備的省時、省力訣竅

本書設計的食譜以一人分為基礎，單純的內容、簡易的做法，設計的出發點是為了讓初學者快速掌控。建議一開始先參考食譜的分量製作、搭配，等熟悉後若有幫其他人準備的需求時，再加倍製作。

食譜全是成人小孩都適合吃的菜色，沒有減肥需求一樣可以吃，發育中的孩子或不需要瘦身的人不用特別限制分量，還可提升餐點中的澱粉、水果等醣

分較高的食物。也就是日常所吃的三餐全都可依照本書食譜去製作搭配，只要在分量上做增減調整，讓家人在無形中一起養成減醣的飲食習慣，享受更健康的生活。

・標準套餐

例如這是減醣套餐的標準搭配，醣分控制在20g以內。

・ 非減醣套餐

這是餐點內容看似相近、但是替不用減醣的家人搭配的。餐盤中減醣麵包和蛋白質的量都增加，整體醣分約在32g左右。

先從一人分的減醣料理開始熟悉，之後即便製作多人分也能立即區分出減醣的自己需要的分量。愉快的是，可以與大家一同快樂用餐而不覺得自己很特殊，瘦身的心情完全不受影響。

〔減醣小叮嚀〕*Note*

如果一次煮多人分，怕煮好後分菜分得不夠精準的話，請記住一個大原則：除了澱粉需要仔細秤重外，其他全可以用肉眼區分，因為肉、海鮮、蔬菜等的醣分通常都不高，不小心多吃了一些也不用擔心。

14日外食與在家料理搭配示範

無論是自行料理或外食，請先將這14天堅守住：前7天是摸索期、後7天在堅定好習慣。請每一餐都依據減醣原則執行，拒絕不適當的宵夜或聚餐。

持續均衡飲食，安心度過停滯期

不是只要執行14天就從此不用繼續，而是在這段時間充分體驗，才能發現過去的飲食方式出了什麼問題。在認真執行的狀況下會發現：長期以來屯積體內的脂肪，初期消滅的速度是最快的，這代表過去飲食不當或因過度的醣量攝取，導致脂肪隨著過度堆積。

減醣的成效通常在一至兩個月內最明顯，之後減脂速度趨緩是正常的，因為已經消耗了過度累積的脂肪，身體會漸漸開始適應，這時候只要持續減醣，就會循序漸進再看到效果。

一些期待短期間速瘦十幾二十公斤的人或許會想：「我還以為會一直瘦這麼快！」但是健康飲食本來就不會讓體重直線滑落，衛生福利部國民健康署表示：「每週減少0.5～1公斤是較合理的速度」美國國家糖尿病、消化與腎臟病協會也曾提出：「無論想瘦幾公斤，可行的目標和緩慢的做法才能真正的減重和維持。」

〔減醣小叮嚀〕*Note*

如果遇到減肥時正常的生理狀態——停滯期也別擔心，只要持續穩定均衡飲食，多提升代謝，就會不斷地朝目標前進。

外食多選烹調簡單的食物最安心

接下來，將以一日三餐示範14天的減醣搭配，包含外食與在家料理的多種變化。外食部分主要以日常常見的小吃、超商、餐廳料理及市售食品等做示範。外食不像自己料理容易掌控調配，難以明確知道每種材料和調味品放的分量，但只要選擇時不偏離減醣原則太多、盡量挑選烹調方式及調味都較單純的餐點，無論是忙碌或下廚感到疲勞時，都可以做為舒緩。

在家料理的部分，由本書的澱粉食物製作、減醣早、午、晚餐食譜示範如何搭配。時間足夠的話還是推薦自己做減醣餐，成分、調味都經過控制，瘦身的效果是最好的。搭配時若遇到熱量沒有達到自己基礎代謝率的情況，可以在烹調時增加一些油脂，或是在三餐之間補充少許無調味堅果做為點心。

製作減醣餐時，請參考書中食譜步驟一個一個做；但在搭配餐點時，一道道食譜翻來翻去計算醣分熱量會不方便，考量執行的便捷度，書中很貼心的在附錄列出了所有食譜的營養成分速查表，在搭配餐點的時候，不妨裁下這分簡表做參考，以有效提升組合餐點的效率，讓減醣過程更加輕鬆。

過程別忘了保持愉快心情，這對瘦身很有幫助。接著快來參考內容，試著調配看看，展開你活力充沛的14天減醣衝刺吧！

	Day 1	Day 2
減醣早餐	〔便利商店〕 1 凱薩沙拉一分佐凱薩沙拉醬：醣分13.8g、熱量216卡 主要食材有美生菜、蘿蔓葉、胡蘿蔔、麵包丁、乾酪粉、芥末籽醬、大豆油等。 2 茶葉蛋一顆：醣分1g、熱量80卡 3 無糖黑豆豆漿一罐450ml：醣分5.2g、熱量142卡 ◆ **總醣分：20g** ◆ **總熱量：438卡** 	1 蒸烤青花菜一分 P.82 2 雞蛋沙拉一分 P.104 3 迷迭香海鹽薯條一分 P.67 ◆ **總醣分：17.5g** ◆ **總熱量：313卡**   
減醣午餐	1 油醋彩椒一分 P.114 2 鵝油油蔥高麗菜一分 P.116 3 台式豬排一分 P.140 4 熟糙米飯20g P.64 5 冷泡麥茶500ml P.153 ◆ **總醣分：19.9g** ◆ **總熱量：421卡**    	〔速食店〕 1 黃金炸蝦堡一分：醣分17.5g、熱量250卡 主要食材內容有蝦肉、麵包粉、高麗菜、萵苣、塔塔醬、油。 2 帶骨香腸一分：醣分2.2g、熱量209卡 3 無糖熱紅茶一杯：醣分0g、熱量0卡 ◆ **總醣分：19.7g** ◆ **總熱量：459卡** 
減醣晚餐	1 青蔥番茄炒秀珍菇一分 P.160 2 速蒸比目魚一分 P.174 ◆ **總醣分：12.5g** ◆ **總熱量：405卡**  	1 鮮甜蔬菜玉米雞湯一分 P.190 2 黑胡椒洋蔥豬肉一分 P.170 ◆ **總醣分：20.1g** ◆ **總熱量：356卡** 
三餐總醣分	三餐醣分：52.4g 三餐熱量：1264卡	三餐醣分：57.3g 三餐熱量：1128卡

	Day 3	Day 4
減醣早餐	1 番茄櫛瓜溫沙拉 分 P.83 2 神奇軟嫩漬雞胸肉片一分 P.90 3 烤南瓜一分 P.66 ◆ **總醣分：13.7g** ◆ **總熱量：339卡**	〔超市冷藏冷凍食物〕 1 微波冷凍四色蔬菜50g：醣分4g、熱量23卡 2 水煮蛋2個：醣分1.6g、熱量158卡 3 微波火腿3片：醣分4.8g、熱量72卡 4 全脂鮮奶200ml：醣分9.6g、熱量126卡 ◆ **總醣分：20g** ◆ **總熱量：379卡**
減醣午餐	1 橙漬白蘿蔔一分 P.115 2 芥末秋葵一分 P.120 3 韓國泡菜豬肉一分 P.138 4 熟糙米飯20g P.64 ◆ **總醣分：18.3g** ◆ **總熱量：548卡**	1 涼拌香菜紫茄一分 P.124 2 乳酪雞肉捲一分 P.134 3 烤南瓜一分 P.66 4 筊白筍味噌湯一分 P.150 ◆ **總醣分：19.4g** ◆ **總熱量：493卡**
減醣晚餐	〔小吃〕 1 燙地瓜葉淋油蔥醬一分：醣分5.8g、熱量138卡 2 燙魷魚佐芥末醬油膏一分：醣分11.9g、熱量115卡 3 豬隔間肉湯一分：1.3g、熱量149卡 ◆ **總醣分：19g** ◆ **總熱量：402卡**	1 鮮甜蔬菜玉米雞湯一分 P.190 2 蒜苗鹽香小卷一分 P.188 ◆ **總醣分：18.5g** ◆ **總熱量：323卡**
三餐總醣分	三餐醣分：51g 三餐熱量：1289卡	三餐醣分：57.9g 三餐熱量：1195卡

	Day 5	Day 6
減醣早餐	1 油醋綠沙拉一分 P.84 2 雞蛋沙拉一分 P.104 3 蘋果地瓜小星球 P.96 4 溫檸檬奇亞籽飲 P.109   ◆ **總醣分：18.4g** ◆ **總熱量：340卡**   	1 清蒸時蔬佐和風醬一分 P.88 2 青蔥炒肉一分 P.92 3 燕麥豆漿一杯 P.107 ◆ **總醣分：18.1g** ◆ **總熱量：471卡**   
減醣午餐	〔小吃〕 1 潤餅一分不加糖粉：醣分18g、熱量210卡 主要食材有高麗菜、豆芽菜、蛋絲、肉、菜脯、花生粉、海苔粉、油、潤餅皮等。 2 雞湯一分：醣分1.6g、熱量190卡 主要食材有雞腿肉、水蔘、紅棗、薑片等。 ◆ **總醣分：19.6g** ◆ **總熱量：400卡** 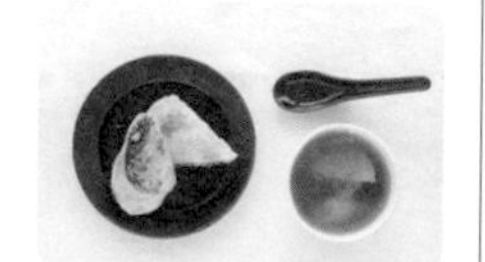	1 三杯豆腐菇菇時蔬一分 P.122 2 鹽蔥豆腐一分 P.146 3 櫻花蝦海帶芽湯一分 P.152 ◆ **總醣分：20.7g** ◆ **總熱量：392卡**   
減醣晚餐	1 奶油香菇蘆筍燒一分 P.164 2 鹽烤鮭魚一分 P.176 3 熟糙米飯20g P.64 ◆ **總醣分：15.7g** ◆ **總熱量：430卡**   	〔火鍋餐廳聚餐〕 1 海鮮日式涮涮鍋一分（不加飯、麵、冬粉）：醣分19.7g、熱量360卡 主要內容為蔬菜、鯛魚、蝦子、豆腐、玉米、南瓜、芋頭、金針菇、火鍋料等（高湯請選擇日式清湯、少調味的湯頭，米血、火鍋料、地瓜、芋頭請分給同桌聚餐的親友或外帶。最好不沾取調味醬） 2.無糖黑豆茶一杯：醣分0.1g、熱量0卡 ◆ **總醣分：19.8g** ◆ **總熱量：360卡** 
三餐總醣分	三餐醣分：53.7g 三餐熱量：1170卡	三餐醣分：58.6g 三餐熱量：1223卡

	Day 7	Day 8
減醣早餐	〔超市茶包、冷藏冷凍食物〕 1 小番茄100g：醣分5.2g、熱量35卡 2 荷包蛋2個(含油1小匙)：醣分1.6g、熱量192卡 3 冷凍薯餅1枚：醣分13.5g、熱量99卡 4 紅茶茶包沖泡熱茶一杯：醣分0g、熱量0卡 ◆ **總醣分：20.3g** ◆ **總熱量：326卡** 	1 薑煸紅椒油菜花一分 P.85 2 香草松阪豬一分 P.94 3 微笑佛卡夏一個 P.72 ◆ **總醣分：19.8g** ◆ **總熱量：493卡**   
減醣午餐	1 椒麻青花筍一分 P.126 2 蒜片牛排一分 P.142 3 烤南瓜一分 P.66 ◆ 總醣分：17.6g ◆ 總熱量：504卡   	〔自助餐〕 1 炒青江菜一分：醣分1.7g、熱量38卡 2 炒胡蘿蔔玉米筍豌豆莢一分：醣分6.2g、熱量72卡 3 炒木耳美白菇一分：醣分2g、熱量47卡 4 蒜泥白肉約80g：醣分4.1g、熱量316卡 5 滷蛋一個：醣分4.6g、熱量74卡 6 無糖黃金烏龍手搖茶一杯：醣分0g、熱量0卡 ◆ 總醣分：18.6g ◆ 總熱量：547卡 
減醣晚餐	1 韓式泡菜蛤蜊鯛魚鍋一分 ◆ **總醣分：18.9g** ◆ **總熱量：393卡** 	1 居酒屋風炙烤花枝杏鮑菇一分 P.180 2 熟糙米飯20g P.64 3 麻油紅鳳菜湯一分 P.193 ◆ **總醣分：16.3g** ◆ **總熱量：220卡**   
三餐總醣分	三餐醣分：56.8g 三餐熱量：1223卡	三餐醣分：54.7g 三餐熱量：1260卡

	Day 9	Day 10
減醣早餐	1 奶油蘑菇菠菜烤蛋盅一分 P.100 2 蜂蜜草莓優格杯一分 P.105 3 紅茶歐蕾一分 P.106 ◆ **總醣分：16.8g** ◆ **總熱量：416卡**   	**〔連鎖早餐店〕** 1 燻雞沙拉一分：醣分14.6g、熱量339卡 主要食材有煙燻雞肉、生菜、苜蓿芽、甜玉米粒、雞蛋沙拉等。 2 美式黑咖啡一杯（250ml）：醣分0.8g、熱量5卡 ◆ **總醣分：15.4g** ◆ **總熱量：344卡** 
減醣午餐	1 西芹胡蘿蔔燴腐皮一分 P.128 2 熟糙米飯20g P.64 3 櫻花蝦海帶芽湯一分 P.152 ◆ **總醣分：16.5g** ◆ **總熱量：413卡**     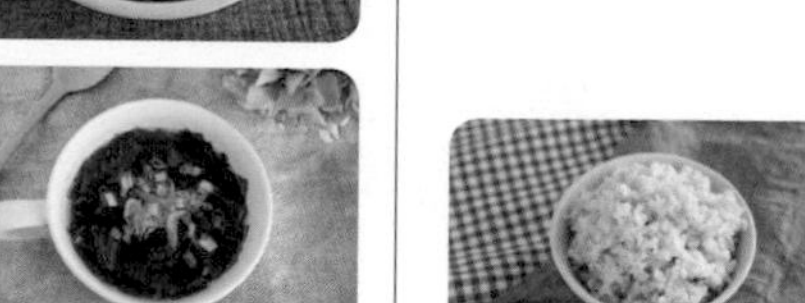	1 XO醬煸四季豆一分 P.130 2 豆腐漢堡排一分 P.148 3 熟糙米飯20g P.64 4 冷泡麥茶500ml P.153 ◆ **總醣分：18.5g** ◆ **總熱量：346卡**  
減醣晚餐	**〔日式家庭餐館〕** 1 蘆筍手捲一分：醣分5g、熱量124卡 2 綜合生魚片（約150g）佐蘿蔔絲、山葵醬油一分：醣分6.5g、熱量252卡 3 味噌豆腐湯一碗：醣分6g、熱量96卡 ◆ **總醣分：17.5g** ◆ **總熱量：472卡**   	1 薑煸菇菇玉米筍一分 P.156 2 毛豆蝦仁一分 P.184 3 熟糙米飯30g P.64 ◆ **總醣分：18.5g** ◆ **總熱量：361卡**   
三餐總醣分	三餐醣分：50.8g 三餐熱量：1301卡	三餐醣分：52.4g 三餐熱量：1051卡

	Day 11	Day 12
減醣早餐	1 水煮蛋牛肉牛蒡沙拉一分 P.86 2 燕麥豆漿一杯 P.107 ◆ **總醣分：17.7g** ◆ **總熱量：449卡**	1 培根青花菜螺旋麵一分 P.102 2 太陽蛋一分 P.97 3 紅茶歐蕾一分 P.106 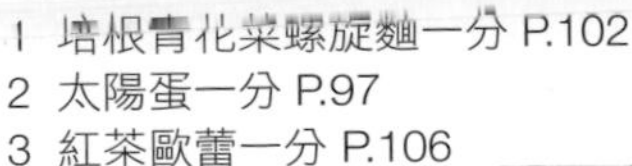 ◆ **總醣分：16.5g** ◆ **總熱量：391卡**    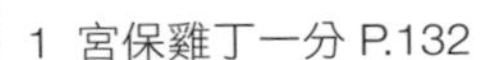
減醣午餐	 〔便利商店〕 1 火腿洋芋沙拉一分：醣分9.2g、熱量69卡 2 微波香草烤雞腿一分：醣分7.6g、熱量187卡 3 微波蒸蛋一分：醣分2.3g、熱量78卡 ◆ **總醣分：19.1g** ◆ **總熱量：334卡** 	1 宮保雞丁一分 P.132 3 熟糙米飯40g P.64 4 筊白筍味噌湯一分 P.150 ◆ **總醣分：19.3g** ◆ **總熱量：320卡**   
減醣晚餐	1 木耳滑菇炒青江菜一分 P.166 2 椒鹽魚片一分 P.178 3 熟糙米飯20g P.64 ◆ **總醣分：18.9g** ◆ **總熱量：379卡**   	〔平價鐵板燒〕 1 香芹洋蔥炒花枝（不點飯）一分：醣分12g、熱量168卡 2 炒高麗菜一分：醣分4.2g、熱量70卡 3 炒豆芽菜一分：醣分3.4g、熱量71卡 4 清湯一碗：醣分0.4g、熱量62卡 ◆ **總醣分：20g** ◆ **總熱量：371卡** 
三餐總醣分	三餐醣分：55.7g 三餐熱量：1162卡	三餐醣分：55.8g 三餐熱量：1082卡

	Day 13	Day 14
減醣早餐	〔市售冷藏冷凍食品及沖調飲品〕 1 微波冷凍青花菜100g：醣分1.1g、熱量25卡 2 微波冷凍豌豆50g：醣分4.2g、熱量36卡 3 美奶滋2小匙：醣分1.3g、熱量65卡 4 包裝溫泉蛋一顆：醣分1.4g、熱量53卡 5 無糖黑穀堅果沖調穀麥粉一包：醣分12.2g、熱量101卡 ◆ **總醣分：20.2g** ◆ **總熱量：280卡** 	1 蒸烤青花菜一分 P.82 2 嫩滑歐姆蛋一分 P.98 3 神奇軟嫩漬雞胸肉片一分 P.90 4 胚芽可可餐包一個 P.76 ◆ **總醣分：18.7g** ◆ **總熱量：445卡**   
減醣午餐	1 鵝油油蔥高麗菜一分 P.116 2 辣拌芝麻豆芽一分 P.118 3 黑胡椒醬烤雞翅一分 P.136 4 熟糙米飯30g P.64  ◆ 總醣分：18.9g  ◆ 總熱量：461卡   	〔中式餐館〕 1 炸排骨半分：醣分3.5g、熱量208卡 2 番茄豆腐蛋花湯一分：醣分13.8g、熱量312卡 ◆ 總醣分：17.3g ◆ 總熱量：520卡 
減醣晚餐	1 鮮甜蔬菜玉米雞湯一分 P.190 2 蒜辣爆炒鮮蝦一分 P.182 ◆ **總醣分：16.9g** ◆ **總熱量：316卡**  	1 冷拌蒜蓉龍鬚菜一分 P.162 2 青蒜鱸魚湯一分 P.194 ◆ **總醣分：19g** ◆ **總熱量：423卡**  
三餐總醣分	三餐醣分：56g 三餐熱量：1057卡	三餐醣分：55g 三餐熱量：1388卡

STARCH

PART 1

米飯與澱粉控的救星

澱粉類食物製作與保存

減醣時沒有任何食物是不能吃的，
澱粉、水果的醣分雖然比蔬菜、肉類高許多，
但在每天攝取的營養中還是必需的，以全穀、少加工、原形食物優先食用，
多選擇高纖維含量的全麥或雜糧麵包，就能輕鬆滿足想吃澱粉的欲望囉！

糙米飯

〔製作時間〕 10分鐘

糙米因為保留著胚芽和米糠，與精緻的白米相比，
擁有大量修護身體的維生素B_1、B_2、E和多種礦物質，
膳食纖維也比白米高出6倍，可減少便祕、促進代謝，
對追求健康和注重身材的人來說，它還具有延緩餐後血糖上升的優點。

每10g熟糙米飯
醣分3g

〔總醣分〕
99g

每10g熟糙米飯
熱量15卡

〔總熱量〕
497cal

〔膳食纖維〕
4.6g

〔蛋白質〕
10.9g

〔脂肪〕
3.2g

材料：

糙米……1米杯（生米約140g，煮熟後約330g）
水……1½米杯

做法：

1 將1米杯的糙米先快速清洗一遍，瀝除水分後再清洗兩次，水分瀝乾，加進1½米杯的水浸泡1小時30分鐘。

2 再次將浸泡的糙米水分瀝除，加進1.5米杯水後放入電子鍋，選擇糙米模式烹煮，煮好後燜10分鐘才打開鍋蓋，用飯勺撥鬆米飯後即可盛裝食用。

〔輕鬆料理〕*Point*

Ⓐ

＊大同電鍋的糙米飯煮法：糙米仔細清洗後加1½米杯的水浸泡3小時，瀝除水分再加1½米杯的水放入電鍋，電鍋外鍋請加2米杯水，啟動開關加熱直至按鍵跳起。煮好後燜10分鐘才打開鍋蓋，用飯勺撥鬆米飯後即可盛裝食用。

＊減醣時食用的澱粉量不高，想將一時吃不完的米飯保存起來，最好的方式就是冷凍。若日後希望搭配餐點時能方便計算醣分，建議將煮熟的米飯以10g做為重量單位去秤重，以手沾開水後抓取米飯可防止沾黏，請逐一秤重再填入矽膠模的分格Ⓐ，這樣密封冷凍可保存一個月。

＊除了糙米飯，藜麥飯、多穀米飯也是減醣時的好選擇。

烤南瓜

〔製作時間〕 10分鐘

南瓜是減醣時的好朋友，它本身有豐富的維生素C、E、β-胡蘿蔔素，
所以抗氧化性很高，口感鬆軟、滋味香甜，
以澱粉食物來說醣分適中，一餐約吃100g的分量再搭配其他食材就很有飽足感。
減醣時可使用低醣分的台灣南瓜，會比甜度高的栗子南瓜更適合。

〔總醣分〕 9.7g
〔總熱量〕 71cal
〔膳食纖維〕 1.4g
〔蛋白質〕 1.7g
〔脂肪〕 2.7g

材料：×1人分

南瓜……100g
橄欖油……½小匙
海鹽……適量

做法：

1 南瓜洗淨削皮後切開，用湯匙將籽刮除，將南瓜肉切成厚度約0.5cm的片狀。

2 放進鋪有烘焙紙的烤盤，將南瓜片鋪上，刷上薄薄一層橄欖油，用小烤箱（或一般烤箱設定170℃）烤15～18分鐘，出爐後撒上少許海鹽即可食用。

Ⓐ 

〔輕鬆料理〕 *Point*

＊將南瓜全部切片，密封於保鮮盒內Ⓐ，放冰箱冷藏可放三天至五天，無論蒸、烤、加入沙拉或煮湯等烹調變化都可以，非常好運用。

STARCH

迷迭香海鹽薯條

〔製作時間〕 30分鐘

減醣時除了多穀米外，
天然的根莖類食物（例如馬鈴薯、地瓜）都是很好的澱粉來源，
用來取代麵包、饅頭等，都是更佳的選擇。

〔總醣分〕	〔總熱量〕	〔膳食纖維〕	〔蛋白質〕	〔脂肪〕
13.1g	112cal	1.2g	2.2g	5.1g

材料：×1人分

馬鈴薯……100g
迷迭香……1枝
橄欖油……1小匙
海鹽……少許

〔輕鬆料理〕Point

＊馬鈴薯可以一次煮好2至4顆的分量，冷卻後密封放冰箱冷藏，要吃的時候再秤出需要的分量香煎。

＊看馬鈴薯是否熟透，可以用筷子往馬鈴薯中央刺入，容易刺透就代表熟了，沒熟的話，再繼續煮5～10分鐘。

做法：

1 馬鈴薯洗淨削皮，整顆放入小湯鍋、加入蓋過馬鈴薯約1cm高的冷水，大火煮滾後轉中小火煮25分鐘；也可以在電鍋內蒸，外鍋倒入一杯水蒸至開關跳起，即可取出。

2 煮好的馬鈴薯瀝水、稍微放涼，再切成條狀，秤100g備用。

3 平底鍋倒油，中火熱鍋後轉小火，放入迷迭香煎出香氣後取出。接著擺進馬鈴薯條，轉中火，煎到表面呈現金黃色、撒上適量海鹽，即完成。

萬用披薩餅

〔製作時間〕30分鐘

發酵過後的澱粉類食物較有飽足感，如本書食譜示範的萬用披薩餅皮和低醣麵包。
雖然含有印象中醣分高的麵粉，但由於配方內容不用精緻糖，
改採用全麥麵粉和高纖維的洋車前子殼粉融合，吃起來跟一般的披薩沒有分別，
促進代謝及幫助健康的效果卻能大幅提升！

〔總醣分〕	〔總熱量〕	〔膳食纖維〕	〔蛋白質〕	〔脂肪〕
177.2g	885cal	22.6g	31.3g	3.2g
1個醣分14.8g	1個熱量74大卡			

材料：×12個

高筋麵粉……160g
全麥麵粉……75g
洋車前子粉……15g
鹽……3g
赤藻醣醇……15g
速發乾酵母……2g
水……190ml

做法：

1 除了水以外，將所有材料加入調理盆，用手大致撥勻後再加入水（Ⓐ），先在盆內充分混合均勻（Ⓑ），大致成團後，再全部移到工作台或揉麵墊上繼續搓揉。

Ⓐ

Ⓑ

2 將麵糰搓揉成表面光滑的狀態，整理成圓球狀後放回調理盆。（Ⓒ、Ⓓ）

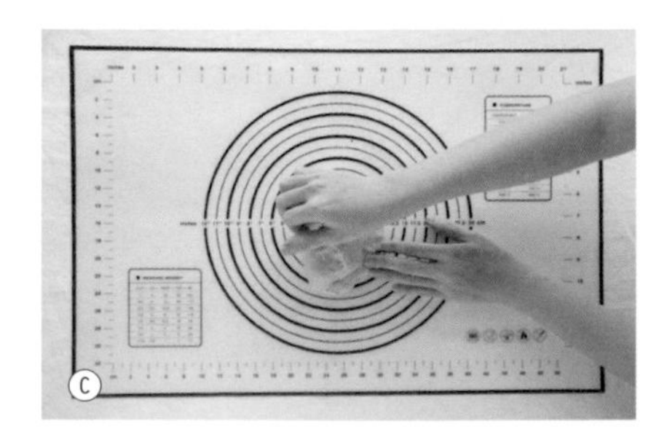
Ⓒ

Ⓓ

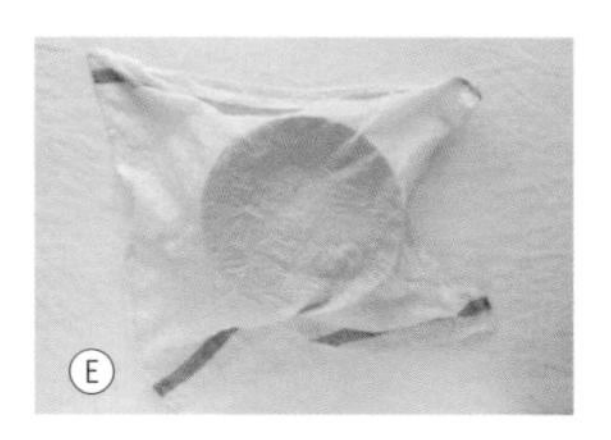
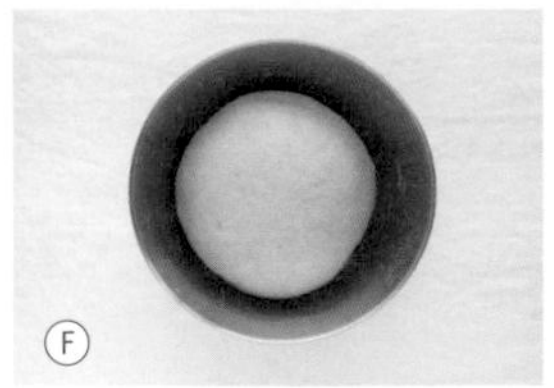
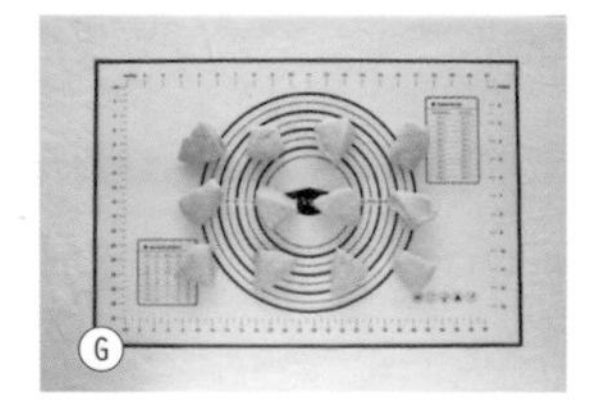

3 在調理盆上覆蓋一層擰乾水分的濕布（Ⓔ），室溫下發酵：室溫低於30℃發酵3小時，室溫高於30℃時約發酵2小時30分鐘。

4 發酵好的麵糰會是原本的兩倍大（Ⓕ）。確認發酵是否OK，可以用食指沾少許麵粉後在麵糰中央戳入，若是凹洞沒有恢復彈回就代表成功，縮回的話，請再延長一些發酵時間。

5 將麵糰從調理盆取出放到工作平台或是揉麵墊上，輕壓麵糰排氣後，以切麵板分割成12個大小均一的小麵糰（Ⓖ）。過程別忘了秤重，這樣才能讓分割的麵糰重量相同，尤其初學者需更注重這步驟。

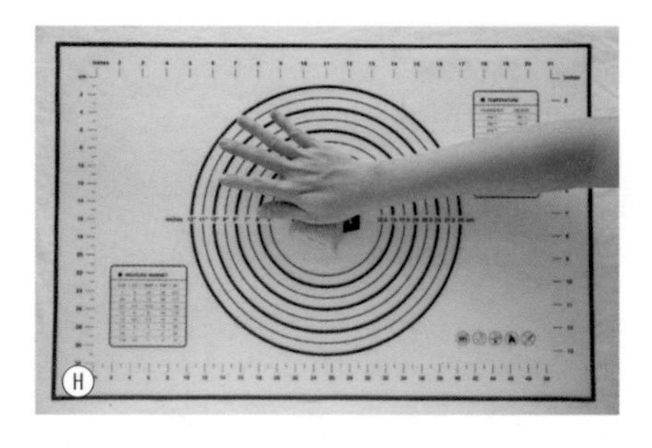
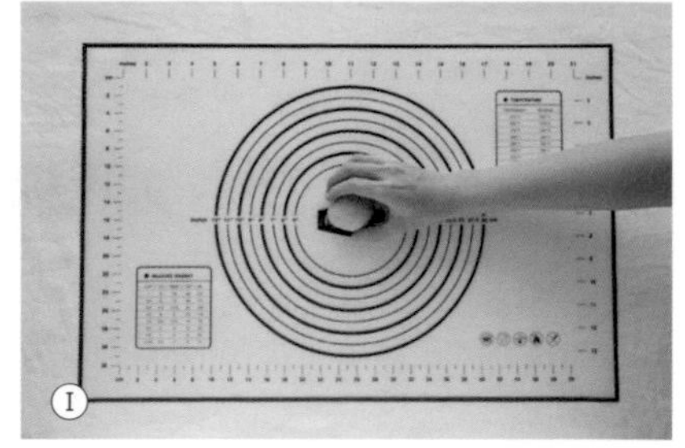

6 每個小麵糰逐一用手掌輕壓、排氣後滾成圓球狀。（Ⓗ、Ⓘ）

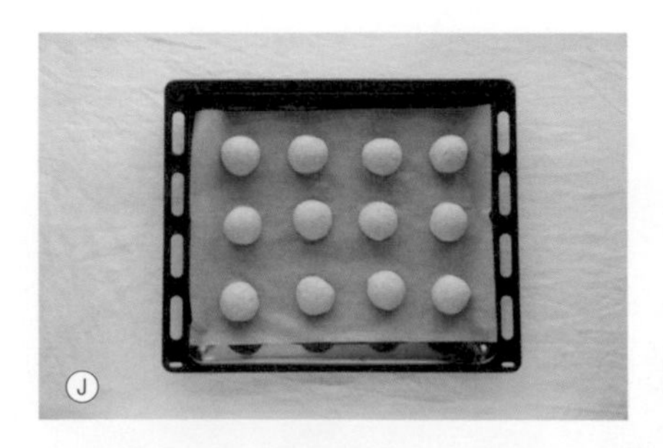

7 所有滾圓好的麵糰都排在鋪上一層烘焙紙的烤盤上，蓋上一層擰乾水分的濕布，靜置室溫中進行二次發酵，等待15分鐘。（Ⓙ、Ⓚ）

8 發酵好的每個麵糰一一按壓排氣，用擀麵棍擀成約4吋寬度的圓形餅皮（Ⓛ），然後逐一放回鋪有烘焙紙的烤盤。

9 用叉子在每個披薩生麵餅皮均勻戳洞，平均戳淺淺一層即可。（Ⓜ）

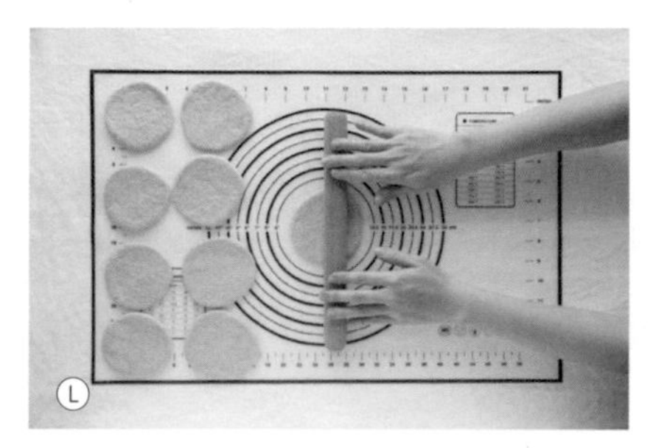
Ⓛ

Ⓜ

10 烤箱以210℃預熱，要馬上吃的話可直接塗番茄醬和撒起司絲（Ⓝ）。準備烤好後冷卻冷凍備用的話，就直接將生餅皮送進預熱好的烤箱內烘烤。

11 撒好配料要立即食用的披薩請以210℃烤8分鐘；準備烤好冷卻冷凍的餅皮只要烤4分鐘即可出爐（Ⓞ）。冷卻的餅皮密封後，冷凍可保存一個月，每次要吃的時候取出放置室溫10分鐘，再撒上配料和起司絲，送進小烤箱（或溫度設定為200℃的烤箱）烤4～5分鐘即可享用。

Ⓝ

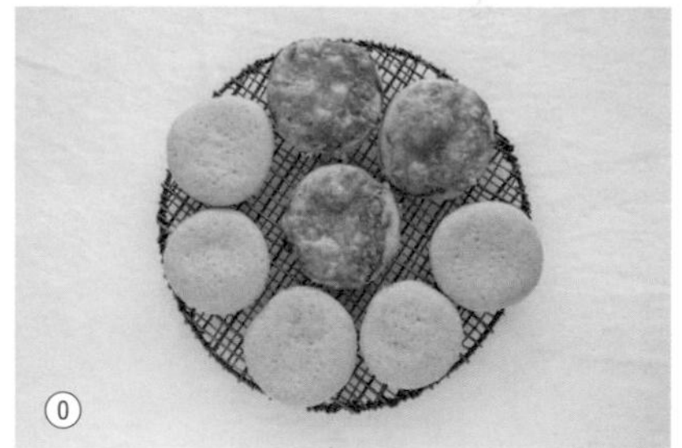
Ⓞ

〔輕鬆料理〕*Point*

* 這個披薩餅皮很適合初學者，只要手揉就能製作，發酵的程序也簡化很多。可以加熱後直接做為低醣麵包，或取代班迪尼克蛋底下鋪的英式瑪芬麵包食用，也可以依據喜好鋪上喜歡的低醣分配料變化（例如瑪格麗特披薩：每個抹番茄醬1小匙是醣分1.2g、熱量6大卡，撒1大匙起司絲是醣分0.7g、熱量48大卡，加上披薩餅皮本身就是總醣分16.7g、總熱量128大卡），請發揮創意讓口味變化萬千吧。
* 赤藻醣醇（Erythritol）是一種天然代糖，具有清涼的甜味，是透過植物發酵取得的天然糖醇，零糖質、零熱量，幾乎不會引起血糖波動。（Ⓐ）
* 洋車前子粉（Psyllium）是純天然植物纖維，吸水膨脹約40～50倍左右，形成果凍狀的黏稠物質，可軟化糞便，避免便祕，以上皆可在有機商店或網路購買到。（Ⓑ）

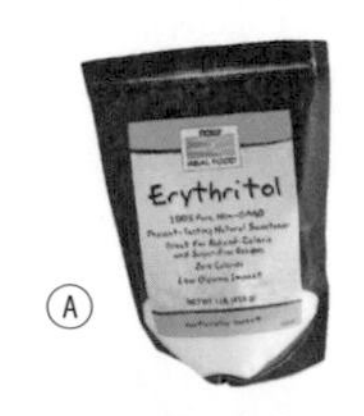

Ⓐ

Ⓑ

微笑全麥佛卡夏

〔製作時間〕 1小時15分鐘

誰說減肥不能吃麵包的？當然可以！一樣可以吃貨真價實的麵包，
只要把好的澱粉跟穀粉融入、將精緻糖用低升糖的赤藻醣醇替換，
運用少許酵母和延長發酵時間的方式，烘焙出來的成品反而比一般的麵包更香Q美味。
注重比例、事先分好分量，一次做好保存，在用餐搭配跟計算醣分上都會變容易。

〔總醣分〕	〔總熱量〕	〔膳食纖維〕	〔蛋白質〕	〔脂肪〕
170.8 g	1104 cal	16 g	32.2 g	28.8 g
1個醣分14.2g	1個熱量92大卡			

材料：（圖示）×12個

乾粉
- 高筋麵粉……130g
- 全麥麵粉……100g
- 杏仁粉……15g
- 洋車前子穀粉……5g
- 鹽……3g
- 速發乾酵母……2g
- 赤藻醣醇……8g

液體
- 橄欖油……15ml
- 水……195ml

橄欖油（分量外）……5ml

做法：

1　將乾粉類的麵粉、杏仁粉、洋車前子穀粉、鹽、赤藻醣醇和酵母放入攪拌盆（Ⓐ），液體的橄欖油15ml和水另外注入量杯攪拌均勻備用（Ⓑ）。

Ⓐ

Ⓑ

2　將液體加入乾粉中充分調拌（預留30cc左右的液體先不要全加入，視麵糰濕黏度再決定是否加入一起攪拌），接著用手或攪拌機拌揉成表面光滑的麵糰，完成麵糰的中心溫度建議在25～27℃之間；然後將麵糰滾圓、收口向下，放進抹上一層薄油的調理盆（Ⓒ、Ⓓ）

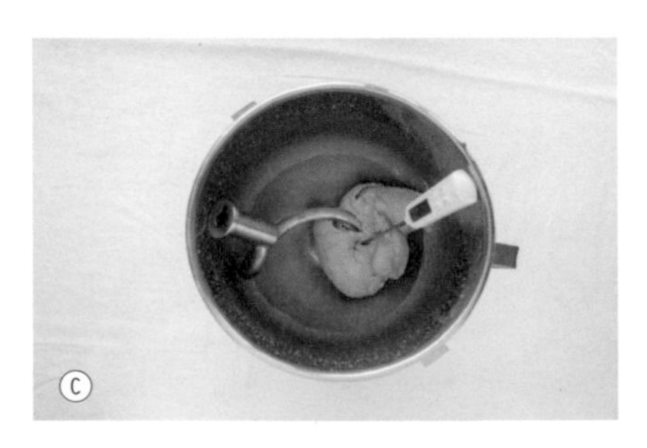
Ⓒ

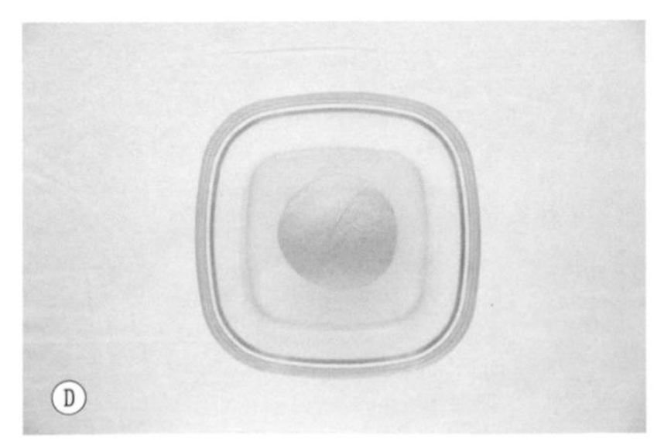
Ⓓ

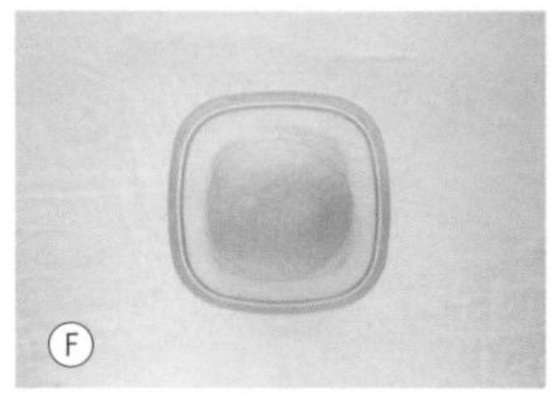

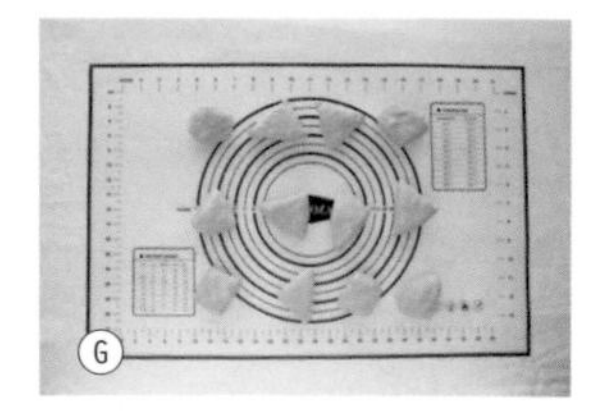

3　在放置麵糰的調理盆上，蓋上一層擰乾的濕布或直接蓋上蓋子（Ⓔ），靜置室溫中進行初次發酵：室溫低於30℃發酵2小時30分鐘；室溫高於30℃時約發酵2小時。

4　發酵好的麵糰必須是原本的兩倍大（Ⓕ）。確認發酵是否OK，可用食指沾少許麵粉後在麵糰中央戳入，若是凹洞沒有恢復彈回就代表成功，縮回的話，請再延長一些發酵時間。

5　將麵糰從調理盆取出，放到工作平台或是揉麵墊上，輕壓麵糰排氣後，以切麵板分割成12個大小均一的小麵糰（Ⓖ），過程別忘了秤重，這樣才能讓分割的麵糰重量相同，初學者特別需更注重這步驟。

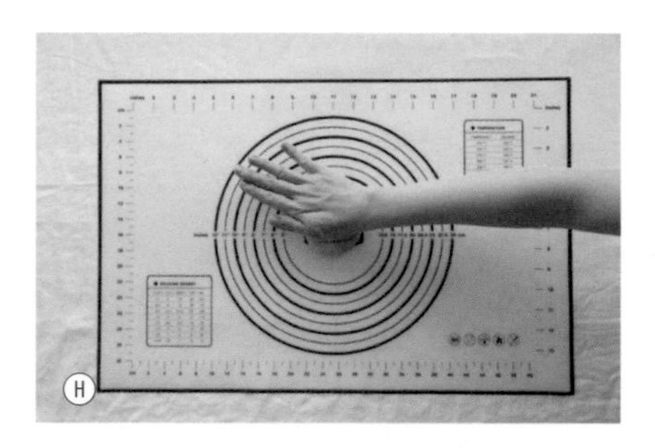

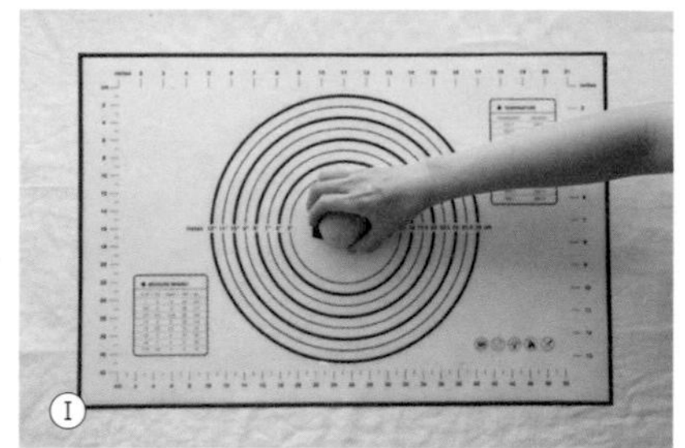

6　每個小麵糰逐一用手掌輕壓、排氣後滾成圓球狀。（Ⓗ、Ⓘ）

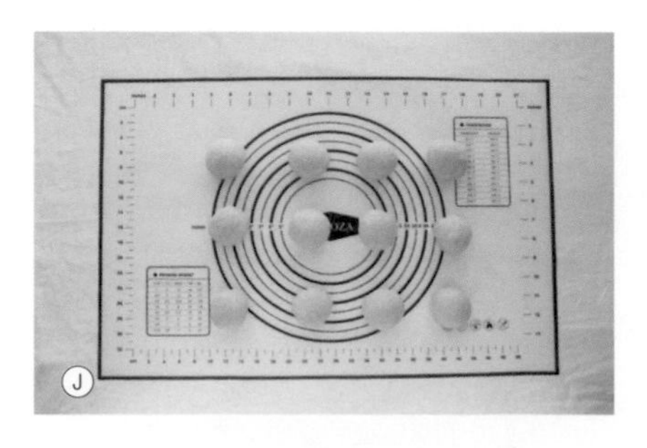

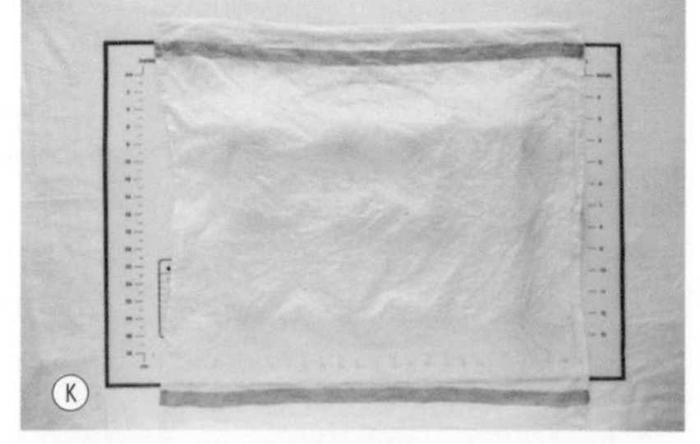

7　所有滾圓好的麵糰都排在工作台或揉麵墊上，蓋上一層擰乾水分的濕布，靜置室溫中進行二次發酵，等待15分鐘。（Ⓙ、Ⓚ）

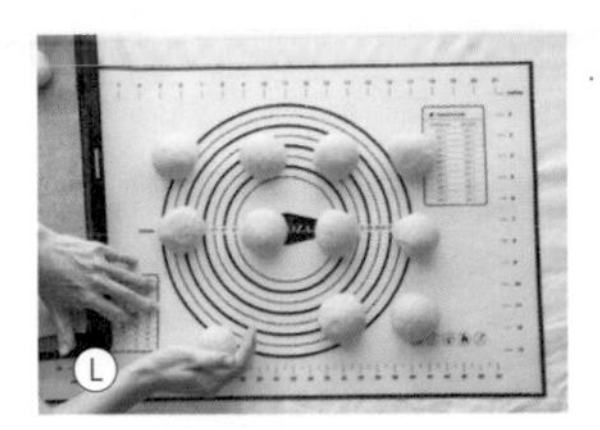
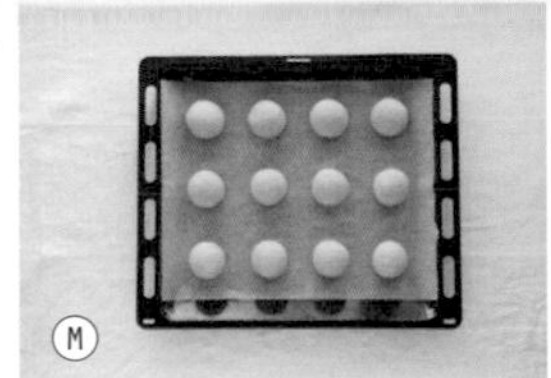
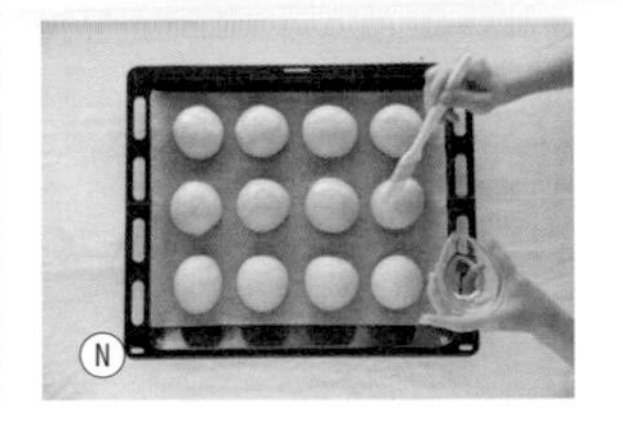

8 每個麵糰都再進行一次按壓排氣、滾圓的動作（Ⓛ），然後逐一排放到鋪有烘焙紙的烤盤上，送進溫暖環境（如具有發酵功能的烤箱，或放有溫水的烤箱、微波爐或保麗龍箱）進行最後發酵，發酵約50分鐘。這時建議的發酵環境溫度約35～38℃左右、濕度80～85%最佳，發好的麵糰約是原本的兩倍大。（Ⓜ）

9 烤箱以200℃預熱，待烤箱預熱時，在麵糰表面以油刷抹上薄薄一層橄欖油（Ⓝ），塗油時手的力道要輕柔。

10 接著在每個麵糰上，用小姆指或湯匙柄戳兩個洞代表眼睛，洞記得戳到接近麵糰的底部（Ⓞ）；再以彎彎的湯匙面壓進麵糰做為嘴巴（Ⓟ），最後撒上少許海鹽點綴（Ⓠ）。不想做表情圖案的話，可直接用手指在麵糰上戳數個孔洞即可。

11 麵糰送進烤箱，以200℃烤14分鐘，烘烤過程進行到一半時，可將烤箱內的烤盤方向對調一次，這樣烤色會更均勻。麵包必須烤到表面呈金黃色、底部也有一層鮮明金黃的烤色才可出爐。（Ⓡ）

〔輕鬆料理〕*Point*

＊冷卻的麵包可放入保鮮盒密封後進冰箱冷凍，保存時間可達一個月，要吃時取出放置室溫10分鐘，再進烤箱加熱數分鐘即可享用。（Ⓐ）

＊杏仁粉在食品材料行或有機食品行幾乎都買得到，請選擇使用純杏仁研磨、可沖泡式，成分不含任何精緻糖和人工糊精等，額外添加物的杏仁粉。（Ⓑ）

Ⓐ

Ⓑ

胚芽可可餐包

〔製作時間〕1小時15分鐘

含有高纖與高營養成分的小麥胚芽、黃豆粉
和以天然楓糖漿取代砂糖烘焙的小餐包，微苦香甜，
口感非常柔軟細緻，直接搭配餐點或變化成迷你漢堡都很可口療癒。

〔總醣分〕175.9g
1個醣分14.7g

〔總熱量〕1323cal
1個熱量110大卡

〔膳食纖維〕13.2g

〔蛋白質〕43.3g

〔脂肪〕43g

材料：×12個

乾粉
- 高筋麵粉……140g
- 全麥麵粉……70g
- 小麥胚芽……25g
- 黃豆粉……15g
- 無糖可可粉……7g
- 鹽……3g
- 速發乾酵母……2g

楓糖漿……20ml
水……185ml
無鹽奶油……40g

做法：

1 將楓糖漿、水和無鹽奶油以外的材料全加入調理盆。（Ⓐ）

2 先將調理盆內的乾粉攪拌一下，然後加入水和楓糖漿，以手或攪拌機拌揉成表面大致光滑的麵糰。（Ⓑ）

Ⓐ

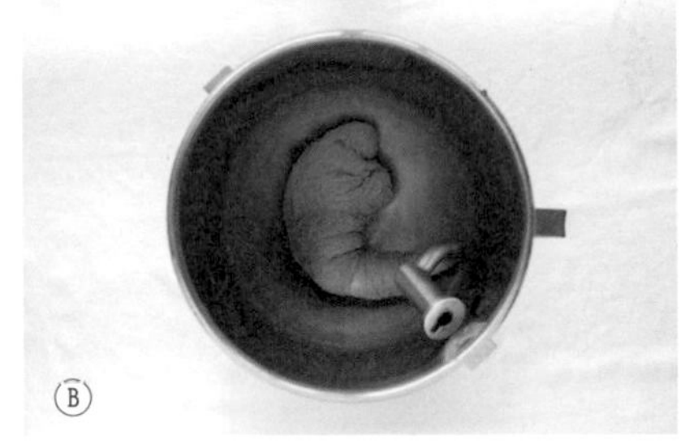
Ⓑ

3 接著將無鹽奶油放入搓揉攪拌（Ⓒ），直到可用手撐出一層薄膜。此時，麵糰中心的溫度會建議落在26～28℃之間。然後將麵糰滾圓、收口向下，放進抹上一層薄油的調理盆。（Ⓓ）

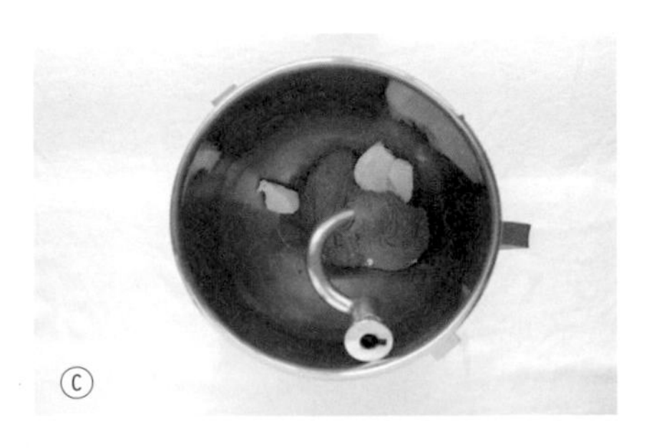
Ⓒ

Ⓓ

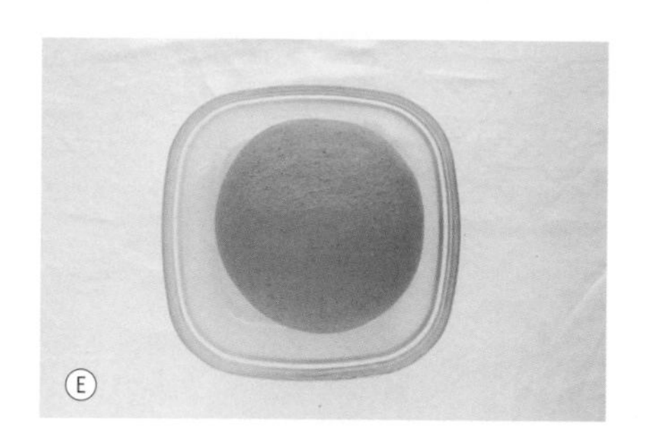

4　在放置麵糰的調理盆上，蓋上一層擰乾的濕布或直接蓋上蓋子（Ⓔ），靜置室溫中進行初次發酵：室溫低於30℃發酵2小時，室溫高於30℃時約發酵1小時30分鐘，發酵好的麵糰需為原本的兩倍大（Ⓔ）。確認發酵是否OK，可用食指沾少許麵粉後在麵糰中央戳入，若是凹洞沒有彈回，就代表成功；縮回的話，請再延長一些發酵時間。

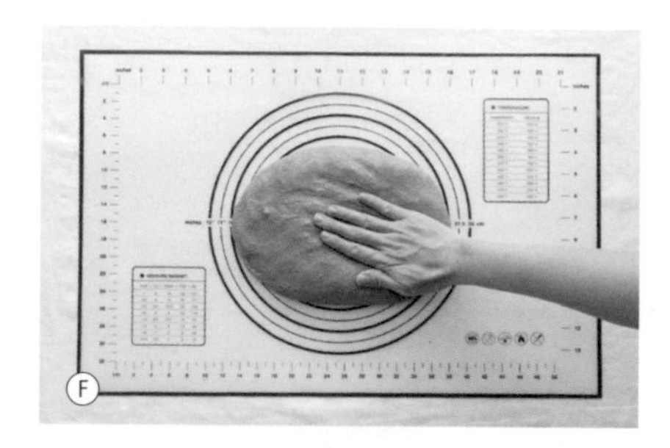

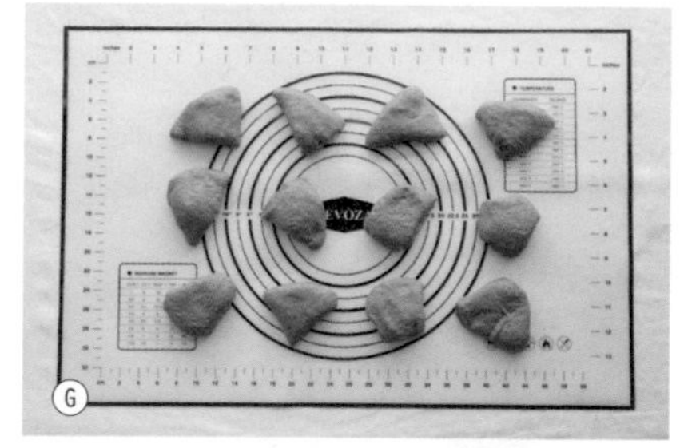

5　將麵糰從調理盆取出放到工作平台或是揉麵墊上，輕壓麵糰排氣（Ⓕ），以切麵板分割成12個大小均一的小麵糰（Ⓖ）。過程別忘了秤重，這樣才能讓分割的麵糰重量相同。

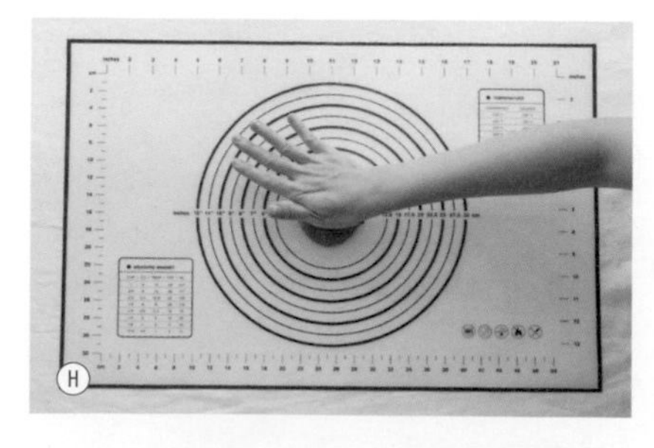

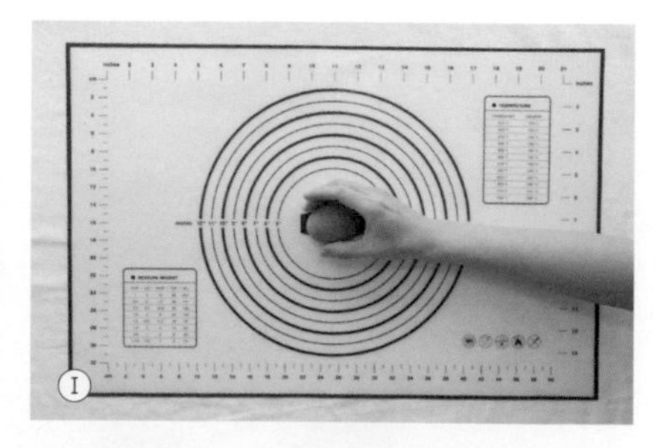

6　每個小麵糰逐一用手掌輕壓排氣後，滾成圓球狀。（Ⓗ、Ⓘ）

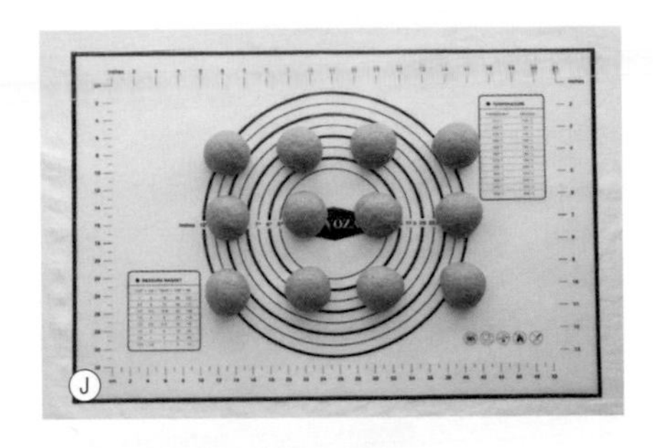

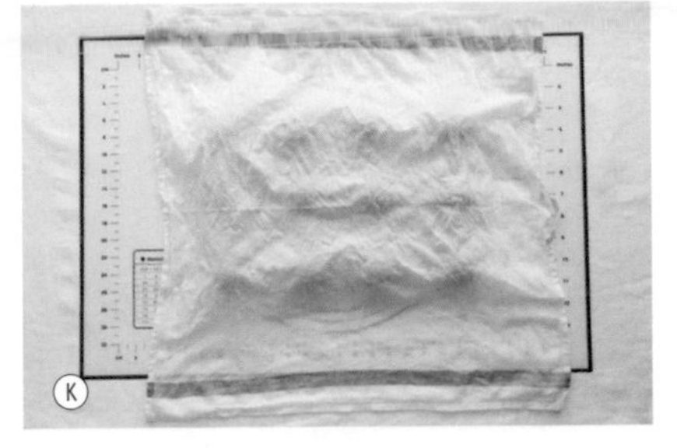

7 所有滾圓好的麵糰都排在工作台或揉麵墊上，蓋上一層擰乾水分的濕布，靜置室溫中進行二次發酵，等待15分鐘。（Ⓙ、Ⓚ）

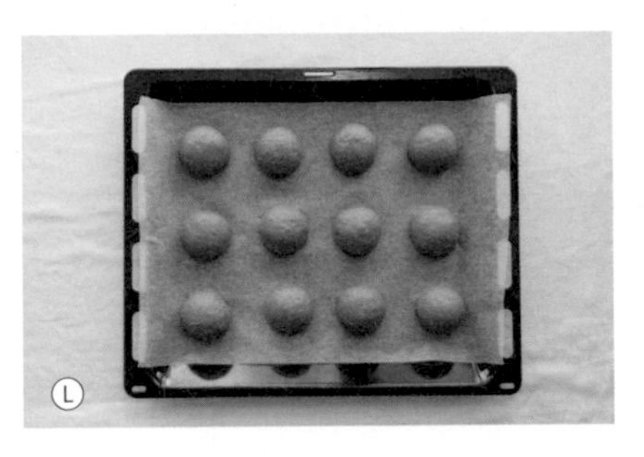

8 每個麵糰都再進行一次按壓、排氣，然後逐一排放到鋪有烘焙紙的烤盤上，送進溫暖環境（如具有發酵功能的烤箱或放有溫水的烤箱、微波爐或保麗龍箱）進行最後發酵，發酵約50分鐘。這時建議的發酵環境溫度約35～38℃左右、濕度80～85%最佳，發好的麵糰約是原本的兩倍大。（Ⓛ）

9 烤箱以170℃預熱好後，麵糰送進烤箱，以170℃烤16分鐘。烘烤過程進行到一半時，可將烤箱內的烤盤對調方向一次，這樣烤色會更均勻，出爐麵包請放在網架上冷卻。（Ⓜ）

〔輕鬆料理〕*Point*

＊沒有楓糖漿的話，也可以使用蜂蜜替代，用量相同。

＊冷卻的麵包可放入保鮮盒密封後進冰箱冷凍，保存時間可達一個月，要吃時取出放置室溫10分鐘，再進烤箱加熱數分鐘即可享用。（Ⓐ）

＊小麥胚芽是從優質小麥粒中萃取的精華，含豐富的維他命E、B_1及蛋白質，營養價值非常高，適合沖泡或是加入烘焙食物中食用，在烘焙食品材料行或網路都可購買到。（Ⓑ）

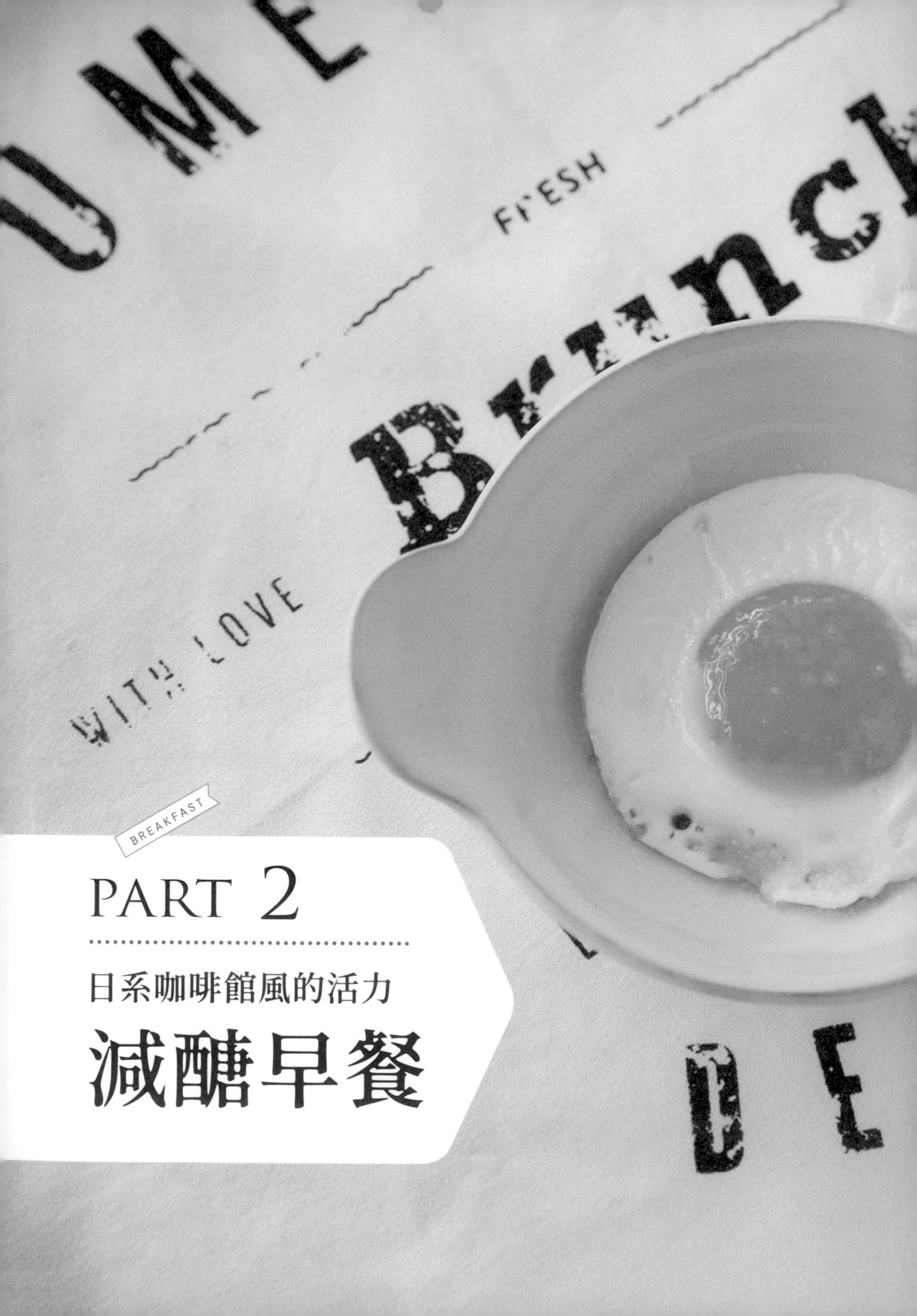

BREAKFAST

PART 2

日系咖啡館風的活力

減醣早餐

早餐是一天的開始，千萬不要忘了吃！
減醣早餐可多攝取健康的蛋白質，除了能增加飽足感之外，
也因為消化過程增加了熱量、脂肪的消耗，血糖會比較穩定。
咖啡館風格的減醣早餐，跳脫以往制式早餐的無趣，讓人更期待每天的早餐時光！

BREAKFAST

蒸烤青花菜

〔製作時間〕 15分鐘

減醣時推薦多攝取的蔬菜之一就是青花菜，
低醣、纖維豐富、重複加熱也不似葉菜類容易黃爛，而且可以搭配不同食材做變化。
運用青花菜清洗後附著的水氣進行蒸烤，可鎖住營養，吃的時候還散發出炙烤香氣呢！

〔總醣分〕 2g

〔總熱量〕 61cal

〔膳食纖維〕 3.1g

〔蛋白質〕 3.7g

〔脂肪〕 3.2g

材料：×1人分

青花菜……100g
黃芥末籽醬……1小匙
美奶滋……1小匙

〔輕鬆料理〕 *Point*

＊洗青花菜時可以先沖洗1～2次後，加少許小蘇打粉浸泡數分鐘後再清洗。

＊蒸烤的青花菜分量較多時，蒸烤的時間可自行調整延長。

＊用不完的青花菜，水分瀝乾後可密封冷藏保存，請於隔日使用完畢。也可水煮或清炒，是減醣時百搭的蔬菜。

做法：

1　將青花菜洗淨切成小朵，趁青花菜表面還有水分時放入鑄鐵鍋（或不鏽鋼湯鍋）內，蓋上鍋蓋，以中火加熱3分鐘，打開鍋蓋翻炒一下，蓋回鍋蓋繼續加熱1分鐘，熄火，利用鍋內餘熱燜8分鐘。若還有點生硬，可以再燜一下。

2　蒸烤好的青花菜盛盤，佐上黃芥末籽醬和美奶滋調勻的沾醬享用。

BREAKFAST 1

番茄櫛瓜溫沙拉

〔製作時間〕20分鐘

櫛瓜（又稱夏南瓜）在台灣盛產的時期是春季，脆嫩汁多、清甜可口，
富含膳食纖維、熱量又低，乾煎或炙烤都是減肥時很適合的烹調方式。
番茄含豐富維生素、茄紅素和β-胡蘿蔔素等營養，
對於降血糖、抗老化以及提升免疫力都很有幫助。

〔總醣分〕4g　〔總熱量〕120cal　〔膳食纖維〕2g　〔蛋白質〕2.8g　〔脂肪〕10.2g

材料：×1人分

綠櫛瓜……½根（約50g）
黃櫛瓜……½根（約75g）
番茄……½顆（約75g）
橄欖油……2小匙
海鹽……適量

〔輕鬆料理〕Point

＊櫛瓜要切出一定的厚度，不要太薄，厚度也盡量均等，以免發生有些烤焦、有些熟度不足的狀況。

做法：

1. 將櫛瓜和番茄徹底洗刷乾淨，櫛瓜去除頭尾、切成厚度約0.5cm的片狀，番茄去蒂葉後先對切再切片、厚度要比櫛瓜厚一些，大約0.8cm厚。
2. 調理盆內加入橄欖油，放進櫛瓜和番茄切片後再撒上一些海鹽，輕輕搖晃盆子使調味料和食材混合均勻，鋪平倒在墊著烘焙紙的烤盤，放入烤箱，設定200℃烤20～25分鐘。出爐後可視喜好撒些黑胡椒或綜合香草增添香氣。

油醋綠沙拉

〔製作時間〕 5分鐘

綠沙拉通常是以多種萵苣生菜拼盤而成，醣分熱量很低，內容及製作過程超級簡單，而且非常適合和不同蔬果搭配，例如，本書食譜示範的烤南瓜、神奇軟嫩漬雞胸肉片、香草松阪豬等，都能變化出不同的風味。

〔總醣分〕 3g

〔總熱量〕 108cal

〔膳食纖維〕 0.9g

〔蛋白質〕 0.6g

〔脂肪〕 10.2g

材料：×1人分

紅葉萵苣……25g
皺葉萵苣……25g
冷壓初榨橄欖油……2小匙
巴薩米克醋……1小匙
海鹽……少許

做法：

1 將生菜充分洗淨、去除根部，浸泡在冰開水裡2分鐘，撈起後使用蔬果瀝水器將水瀝乾，用手撕碎。

2 將橄欖油、巴薩米克醋和海鹽調勻，要吃的時候再淋拌於生菜上即可。

〔輕鬆料理〕 *Point*

＊其他生菜如綠捲鬚、蘿美萵苣及綜合生菜嫩葉（Baby leaf）都可替換使用。
＊清洗生菜時，建議先用兩至三道過濾水沖洗，最後一道用冰開水浸泡2分鐘再瀝乾，請充分洗乾淨再食用。
＊用蔬果瀝水器瀝乾的生菜可密封保存於冰箱冷藏約兩天。

BREAKFAST

薑煸紅椒油菜花

〔製作時間〕 5分鐘

減醣時常需要補充大量青蔬，把握時令盛產的蔬菜，
小炒或清燙來享受其原味清甜最好，品嚐的同時，
還能補充許多維生素、礦物質和膳食纖維，身體免疫力也跟著提升許多。

〔總醣分〕 4.8g
〔總熱量〕 95cal
〔膳食纖維〕 3.3g
〔蛋白質〕 3.7g
〔脂肪〕 6.1g

材料：×1人分

紅甜椒……50g
油菜花……100g
老薑……2片
椰子油 ……1小匙
海鹽……適量

Ⓐ

〔輕鬆料理〕Point

＊油菜花在料理前先浸泡水中，有幫助去除本身澀味的效果（Ⓐ）。

做法：

1 將油菜花洗淨後，去除硬梗、用手摘成適合食用的小段，然後浸泡在水內5～10分鐘。薑切成薄片，紅甜椒徹底刷洗乾淨後去除梗蒂和籽，切成寬度約0.5cm的條狀備用。

2 平底鍋內舀入椰子油，中火熱鍋後轉小火、放進薑片，煸約2分鐘後放進紅甜椒條，轉中火拌炒1～2分鐘，接著將浸在水中的油菜花瀝掉水分放入，略炒軟後加海鹽拌炒均勻即可盛盤。

水煮蛋牛肉生菜沙拉

〔製作時間〕 10分鐘

這道食譜組合了一餐需要的蛋白質、蔬菜，還有減醣時很多人以為不能吃的水果，
只要再加上少量澱粉（例如，熟玉米粒、小片全麥或雜糧麵包），
就是醣分≦20g的完美減醣沙拉！

〔總醣分〕12.1g

〔總熱量〕371cal

〔膳食纖維〕2.4g

〔蛋白質〕30.3g

〔脂肪〕22.3g

材料：×1人分

雞蛋……1個
牛嫩肩里肌火鍋片……100g
美生菜……100g
聖女小番茄……100g

調味醬汁：
醬油……10ml
無糖蘋果醋……1小匙
冷壓初榨橄欖油……1小匙
蜂蜜……1g

做法：

1 小番茄洗淨、準備水煮蛋一個。將全部調味醬汁的材料加進調理盆內，拌勻備用。

2 準備一鍋水，煮滾後轉小火，將肉片放入汆燙1分鐘後撈起瀝乾水分、迅速倒入調理盆，與調味醬汁充分拌勻，靜置放涼。

3 美生菜剝葉後先充分沖洗，再浸泡於冰開水中，約1分鐘撈起，以蔬果瀝水器將水分瀝乾，然後將生菜撕成一口大小，加進步驟2盆內，與牛肉和醬汁混拌均勻後，全部盛入盤中。

4 最後擺上剝殼切片的水煮蛋、小番茄就完成囉！

清蒸時蔬佐和風醬

〔製作時間〕10分鐘

「早上好不想吃生冷的食物啊！」
這時候清蒸各種蔬菜，淋上快速美味的和風醬汁真是好主意！
運用這道食譜教學，偶爾也試著自己組合不同蔬菜，變化出新鮮感吧！

〔總醣分〕8g
〔總熱量〕116cal
〔膳食纖維〕4.8g
〔蛋白質〕4.8g
〔脂肪〕0.4g

材料：×1人分

玉米筍……50g
甜豌豆莢……50g
新鮮香菇……50g

沾醬：
味噌……½小匙
白醋……1小匙
醬油……1小匙
蘋果泥……1小匙
冷壓初榨橄欖油……1小匙

做法：

1 將蔬菜洗淨，玉米筍對切、豌豆莢去除硬梗及粗纖維絲、香菇去梗對切後秤重。把沾醬的材料全部調勻在一起備用。

2 準備蒸鍋，注入半鍋水、擺上蒸架，大火將水煮滾後才將蔬菜放入蒸架、蓋上鍋蓋，蒸3分鐘熄火，取出蔬菜盛盤、擺上沾醬，完成。

〔輕鬆料理〕Point

＊沒有專用蒸鍋的話，也可以在深湯鍋內放高腳蒸架和大量水煮滾（水量勿高於蒸架），水滾後把蔬菜擺在盤子再放進鍋內蒸。

＊吃時令的蔬菜是最幸福的，大部分蔬菜都可運用這道食譜，蒸出清甜、保留營養，也能時常換口味、增添新鮮感。

神奇軟嫩漬雞胸肉片

〔製作時間〕5分鐘

讓雞胸切成薄片、高溫熱煎依然軟嫩的祕訣就是：鹽的用量和醃漬時間。
這個鹽漬法醃的雞胸格外軟嫩，除了直接吃也很適合跟蔬菜或其他食材一起烹調，
具有很高的運用性，並可以搭配黑胡椒、孜然粉或其他香草調味，讓口味做不同轉換。

〔總醣分〕0g
〔總熱量〕148cal
〔膳食纖維〕0g
〔蛋白質〕22.4g
〔脂肪〕0.9g

材料：×1人分

雞胸肉……100g
鹽……1g
橄欖油……1小匙

做法：

1 雞胸肉秤重後放入保鮮盒，撒上鹽，密封後充分搖晃均勻，放入冰箱冷藏醃漬至少兩小時以上。

2 雞胸從冰箱取出恢復室溫，先用廚房紙巾將表面釋出的水分吸乾，再順著雞肉紋理切成1cm左右厚度的薄片。

3 平底鍋倒入橄欖油，開中火熱鍋、放入雞胸肉片，將兩面各煎約2分鐘，煎出漂亮的金黃色即可起鍋。

〔輕鬆料理〕Point

＊鹽巴用量必需是雞肉重量的1.2%，假設醃漬的肉是600g，鹽巴必須用7g，還有醃的時間要至少兩小時，想快速料理的話，可提前一晚先醃好放冰箱。

＊忙碌的話不妨一次醃多一點雞胸肉冷藏（準備分量最好不超過兩天分），整塊醃漬即可，請勿切成薄片醃。

青蔥炒肉

〔製作時間〕5分鐘

「去肉攤記得先搶二層肉嘿！」我媽常這樣提醒幫她買菜的我。
二層肉就是僧帽肌、離緣肉，是覆蓋在豬里肌肉的前端部位，富有彈性又非常軟嫩，
料理前完全不用特別醃漬處理。對喜歡中式菜色當早餐的人來說，
這道青蔥炒肉特別適合與清蒸時蔬、太陽蛋做搭配。

〔總醣分〕4.5g

〔總熱量〕277cal

〔膳食纖維〕0.7g

〔蛋白質〕21.2g

〔脂肪〕18.6g

材料：×1人分

豬二層肉……100g
青蔥……1枝
鹽……2小撮
白胡椒粉……少許
醬油……1小匙
味醂……1小匙
橄欖油……1小匙

做法：

1 蔥洗淨切成蔥花，把蔥白和蔥綠分開；將豬二層肉切成小片（每片約0.3cm），和鹽及白胡椒粉抓揉均勻備用。

2 油倒入平底鍋，中小火熱鍋後放入蔥白炒出香氣、放入肉片拌炒煎到肉呈金黃色，倒入醬油和味醂快速拌炒至熟，最後撒上蔥綠，起鍋盛盤。

〔輕鬆料理〕*Point*
＊沒買到二層肉不要傷心，豬五花肉也很適合的，但建議選瘦一些的五花。

香草松阪豬

〔製作時間〕5分鐘

松阪豬肉就是豬頰連接下巴處的肉，又稱霜降肉，
這個部位的肉質不怕油煎變柴，只要撒點鹽稍微醃漬一下，
就能輕鬆烤出微焦帶脆、軟Q鮮彈的肉片。醃漬時除了放入義大利綜合香草外，
也很適合加黑胡椒、七味粉或煙燻紅椒粉作調味變化。

〔總醣分〕
0.8g

〔總熱量〕
306cal

〔膳食纖維〕
0g

〔蛋白質〕
17.2g

〔脂肪〕
25.8g

材料：×1人分

松阪豬肉……100g
海鹽……適量
義大利綜合香草……適量
橄欖油……½小匙

做法：

1 將松阪肉切成厚度約0.5cm厚的肉片，鋪在調理盤上，兩面撒上薄薄一層海鹽和綜合香草，室溫下醃漬10分鐘。

2 平底鍋內抹上一層薄薄的橄欖油，中火熱鍋後擺入醃好的肉片，兩面各煎約2分鐘直到外表呈金黃色，完全熟透即可盛盤。

〔輕鬆料理〕Point

＊松阪豬可用豬小里肌肉排替代，醣分與熱量更低，若怕烹調後口感乾柴，可在肉的表面及邊緣用刀尖輕輕劃幾刀斷筋，並以中小火慢煎，吃起來會較軟嫩。

〔總醣分〕	〔總熱量〕	〔膳食纖維〕	〔蛋白質〕	〔脂肪〕
12.7g	65cal	1.8g	1.8g	0.2g

BREAKFAST

蘋果地瓜小星球

〔製作時間〕  5分鐘

早餐想吃澱粉又想吃水果時，要怎麼搭配才能既滿足又不致醣分超標呢？試試這道視覺亮眼的創意沙拉，包含了豐富膳食纖維和礦物質的地瓜，加上有保健身體蘋果酚和維生素C的蘋果，以及高纖、高酵素的苜蓿芽，這樣的搭配清新爽口又營養充足！

材料：×1人分

地瓜……40g
蘋果……25g
苜蓿芽……30g

〔輕鬆料理〕Point

＊想要地瓜泥的口感更細緻的話，可將地瓜泥過篩。

＊地瓜泥冷卻後可以密封放在冰箱冷藏，約可保存三天。

做法：

1 將苜蓿芽充分洗淨輕輕擰乾水分備用，地瓜以電鍋蒸或水煮煮熟後，趁熱撕去外皮，用湯匙搗成泥備用。

2 將苜蓿芽平鋪盤上，蘋果洗淨切成丁後和冷卻的地瓜泥混合，以手稍微塑成球狀，最後鋪放在苜蓿芽上即完成。

〔總醣分〕 0.8g 〔總熱量〕 117cal 〔膳食纖維〕 0g 〔蛋白質〕 6.7g 〔脂肪〕 9.8g

BREAKFAST

太陽蛋

〔製作時間〕 5分鐘

瘦身時很重要的關鍵就是每日蛋白質攝取要充足，
可以維持肌肉、耗費熱量效果最佳，而且也較有飽足感。
除了肉、海鮮和植物性蛋白質攝取來源外，雞蛋是最直接也最簡易的補給。

材料：×1人分

雞蛋……1　油……1小匙　海鹽……少許

做法：

1 平底鍋內倒入油抹勻鍋面後以中火加熱，雞蛋敲破打進碗內再倒入鍋中，待蛋白邊緣稍微凝固即用湯匙將蛋黃撥到正中央，這樣能讓蛋黃的位置固定，之後成型才好看。

2 中火加熱2分鐘後轉小火加熱1分鐘、熄火，利用餘熱加熱2～3分鐘，再開火，一樣中火加熱2分鐘再轉小火加熱1分鐘、熄火。需反覆這樣的動作約4～5次，視自己喜歡的熟度及依鍋子尺寸調整次數，這樣就能煎出一面酥脆可口、一面蛋黃黃澄如太陽的漂亮荷包蛋。上桌時撒少許海鹽即可享用。

〔總醣分〕	〔總熱量〕	〔膳食纖維〕	〔蛋白質〕	〔脂肪〕
2g	126cal	0g	7.5g	9.8g

BREAKFAST

嫩滑歐姆蛋

〔製作時間〕  5分鐘

早餐吃上一分好鬆軟、好嫩滑的歐姆蛋，真幸福啊！感覺這天會有好事發生呢！
一人獨享的歐姆蛋和減醣麵包是絕配的組合，
再佐上大量蔬菜和肉類，簡直完美，真想天天都吃到！

材料：×1人分

雞蛋……1個
鮮奶……25ml
鹽……2小撮
黑胡椒……少許
無鹽奶油……5g

〔輕鬆料理〕Point

＊歐姆蛋的材料很簡單，但製作過程較講究速度，初學者可先使用不沾平底鍋，多練習幾次就會很順手。

做法：

1 雞蛋從冰箱取出，靜置恢復室溫，破殼打進調理碗內，加入鹽、鮮奶充分攪拌均勻備用。

2 不沾平底鍋以中大火熱鍋約30秒，放入無鹽奶油，油一融化立即倒入蛋液、搖晃使其鋪平，然後快速用鏟子在略凝固的蛋液上劃圈（Ⓐ），蛋液經加熱後只要呈現半熟狀態就立即熄火，將所有半熟蛋往鍋面的一側聚攏成橢圓形（Ⓑ）、倒上盤子，撒點黑胡椒即完成。

Ⓐ

Ⓑ

奶油蘑菇菠菜烤蛋盅

〔製作時間〕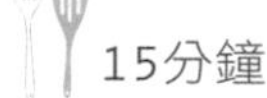 15分鐘

熱鍋將蘑菇煎出金黃色澤，只要撒些黑胡椒和鹽就很美味。
和菠菜炒香、加進蛋液和乳酪絲一起焗烤，嗯～好香啊！
再加上這些食材的醣分低、營養豐富，吃起來很有飽足感呢！

〔總醣分〕
4g

〔總熱量〕
294cal

〔膳食纖維〕
2.4g

〔蛋白質〕
20.7g

〔脂肪〕
21.7g

材料：×1人分

雞蛋……2個
蘑菇……40g
菠菜……100g
乳酪絲……1大匙
鹽……1小匙
奶油……10g

做法：

1 蘑菇洗淨切片、菠菜洗淨去梗切小段，雞蛋打入調理盆、加½小匙鹽攪拌成蛋液備用。

2 橄欖油倒入平底鍋，中火熱鍋，將切片蘑菇煎到兩面略呈金黃色，加進菠菜段炒到變軟，撒入½小匙鹽拌炒。

3 烤皿內刷上薄薄一層油，將炒好的蔬菜盛進烤皿鋪平，注入蛋液，整盅放進小烤箱或可調溫度的烤箱，以200℃烤5分鐘，取出撒上一層乳酪絲，放回烤箱，再烤5～8分鐘即完成。

〔輕鬆料理〕*Point*
＊蘑菇因有水氣風味易流失，請快速沖洗後，用廚房紙巾吸乾水分才切片。

培根青花菜螺旋麵

〔製作時間〕15分鐘

誰說減肥不能吃義大利麵呢？將麵的分量減少、蔬菜量提升，
不用熬高湯一樣可以很好吃，祕訣就在加入少許蒜片和培根爆香。
加一個蛋黃九分熟的水煮蛋、一杯紅茶歐蕾，就是幸福的一餐！

〔總醣分〕13.3g

〔總熱量〕242cal

〔膳食纖維〕3.6g

〔蛋白質〕10.1g

〔脂肪〕15.6g

材料：×1人分

青花菜……100g
螺旋義大利麵……15g
培根……30g
大蒜……1粒
橄欖油……1小匙
鹽……¼小匙
黑胡椒……少許

做法：

1 青花菜洗淨切成小朵，大蒜去皮切片，培根切成寬約3cm的寬片。準備一個湯鍋，注入1000ml水，水中加1大匙鹽，大火煮滾後先汆燙青花菜，2分鐘後撈起備用。

2 將秤好的螺旋義大利麵放入滾水中，煮的時間比麵條包裝的建議時間少1分鐘，煮好後撈起備用。

3 平底鍋中放入培根，以中小火煎出油脂後即倒入橄欖油、放入蒜片煎炒，接著加進青花菜和螺旋麵，拌炒一下再倒入1大匙煮麵水、鹽和黑胡椒拌勻，待水分快收乾前起鍋盛盤。

〔輕鬆料理〕*Point*

＊義大利麵可換成不同樣式的短麵、長麵。
＊不吃培根的話，也可換成神奇軟嫩漬雞胸肉片（p90）或香草松阪豬（p94）。

1人分醣分2.4g

〔總醣分〕
4.8g

1人分熱量207卡

〔總熱量〕
140cal

〔膳食纖維〕
0g

〔蛋白質〕
6.4g

〔脂肪〕
11.9g

BREAKFAST

雞蛋沙拉

〔製作時間〕15分鐘

早餐總是吃水煮蛋或荷包蛋，感覺膩了嗎？試看看滑嫩的雞蛋沙拉吧！單獨吃或抹麵包、佐輕燙過的蔬菜吃都很適合。除了美味、好運用外，還可以前一天先將蛋煮好，隔天起床拌一拌，就能快速完成唷！

材料：×2人分

雞蛋……2個
美奶滋……1½大匙
鹽……2小撮
黑胡椒……少許

〔輕鬆料理〕Point

＊計時9分鐘小火慢煮的水煮蛋是蛋黃中心熟度最佳的，呈現中心微透微軟但已經是熟的狀態。

＊吃不完的雞蛋沙拉可以冷藏保存二至三天，請於風味及口感最佳的狀態下儘快享用完畢。

做法：

1 雞蛋恢復室溫，在小湯鍋內加可以淹過雞蛋的水量先以大火煮滾，然後轉小火，將雞蛋放在湯瓢上，再一個一個放進水裡，計時9分鐘。

2 煮好的雞蛋取出浸泡在冷水裡，等雞蛋冷卻後剝殼，用廚房紙巾吸去蛋外表的水分，密封冷藏一晚備用。

3 將水煮蛋從冰箱取出，用切蛋器縱向及橫向將蛋切碎，和美奶滋、鹽、黑胡椒稍微混拌一下即完成。

〔總醣分〕 10.4g
〔總熱量〕 90cal
〔膳食纖維〕 0.9g
〔蛋白質〕 3.8g
〔脂肪〕 3.5g

BREAKFAST

蜂蜜草莓優格杯

〔製作時間〕 3分鐘

減醣時草莓、藍莓、覆盆子這類醣分較低的莓果都是很適合的，
搭配無糖的優格和微量蜂蜜不僅新鮮可口，視覺也很療癒，光看就覺得心情很好！
偶爾想吃小點心的時候，這也是很好的選擇。

材料：×1人分

草莓……50g
蜂蜜……½小匙
無糖優格……100g

做法：

1 將草莓洗淨、去除蒂葉，切成薄片或是切碎放進杯內，加入無糖優格和蜂蜜即可享用。

〔輕鬆料理〕Point

＊除了新鮮草莓之外，也可以藍莓、黑莓、蔓越莓、覆盆子等莓果替代，或是使用冷凍莓果以果汁機將全部食材打在一起。

紅茶歐蕾

〔製作時間〕 3分鐘

除了黑咖啡，各類熱茶也是適合減醣時飲用的好選項，
其中又以發酵過、含大量茶多酚的紅茶較佳，
早晨飲用可以提神又不似綠茶容易刺激腸胃，並且具有降血糖血脂的好處。

〔總醣分〕2.4g
〔總熱量〕32cal
〔膳食纖維〕0g
〔蛋白質〕1.5g
〔脂肪〕1.8g

材料：×1人分

紅茶茶葉……2g
鮮奶……50ml
水……200ml

做法：

1 將水倒入小鍋內，煮滾後轉小火，放入紅茶茶葉攪拌一下，煮2分鐘。

2 倒入鮮奶，煮到快要沸騰前熄火，用篩網過濾掉茶渣後，即可盛進杯中享用。

〔輕鬆料理〕*Point*

＊紅茶選用的種類沒有限制，錫蘭、早餐茶、大吉嶺等紅茶都很適合，選擇自己喜歡的即可。

BREAKFAST

燕麥豆漿

〔製作時間〕 15分鐘

平常早餐常喝市售豆乳、鮮奶，空閒的時候不妨幫自己煮杯燕麥豆漿；
除了比一般豆漿增加了高纖維的燕麥，還能幫助消化，喝起來也更濃醇可口。

〔總醣分〕 5.6g
〔總熱量〕 78cal
〔膳食纖維〕 2.7g
〔蛋白質〕 5.9g
〔脂肪〕 2.9g

材料：×1人分

黃豆……15g
即食燕麥片……5g
水……350ml

〔輕鬆料理〕*Point*

＊煮豆漿的過程需適時攪拌，以避免鍋底燒焦。
＊可以一次煮3～4人分，煮好冷卻冷藏，三天內喝完即可。

做法：

1. 黃豆清洗乾淨，放在小容器中加比黃豆高兩指節的水，密封放冰箱冷藏，浸泡8～24小時。
2. 黃豆從冰箱取出瀝除水分，放入果汁機（或調理機），加進350ml過濾水後充分打碎，然後倒入小鍋裡。
3. 中火煮滾後用濾網將浮沫撈除，加入燕麥，轉小火煮15分鐘，完成。

BREAKFAST

奇異果藍莓起司盅

〔製作時間〕 3分鐘

彷彿珠寶盒般的水果起司盅，
清爽酸甜又帶著淡雅乳香，嚐起來根本就是甜點嘛！
這道點心非常適合需要補充維生素和鈣質、想提振一下腦活力的早晨。

〔總醣分〕	〔總熱量〕	〔膳食纖維〕	〔蛋白質〕	〔脂肪〕
14g	106cal	3.2g	2g	4.2g

材料：×1人分

藍莓……20g
奇異果……1顆（約100g）
乳酪起司（Cream Cheese）……15g

做法：

1　水果洗淨後，奇異果削皮切成塊，和藍莓一起擺放，挖盛一些乳酪起司點綴即完成。

BREAKFAST

溫檸檬奇亞籽飲

〔製作時間〕3分鐘

奇亞籽（Chia Seeds，又名鼠尾草籽），是一種富含Omega-3和膳食纖維的種籽，
每天飲用一些可增加飽足感又能促進腸胃蠕動，
但要注意搭配充足的飲水量，且避免食用過多，造成反效果。

〔總醣分〕0.3g
〔總熱量〕27cal
〔膳食纖維〕1.9g
〔蛋白質〕1g
〔脂肪〕1.8g

材料：×1人分

奇亞籽……5g
檸檬汁……1小匙
溫開水……300ml

做法：

1 將奇亞籽、檸檬汁與溫開水充分混合，
約過5分鐘，奇亞籽體積會脹大一些，
這樣就可以喝了。

高纖蔬果汁

〔製作時間〕 6分鐘

大部分葉菜只要汆燙過和其他蔬果打成汁，那清新香甜的滋味任誰都能接受，
參考這道食譜的搭配方式，用其他蔬果來變化也很好喝。
晨起喝一杯，促進消化又能攝取滿滿的維生素和纖維質，
一整天的元氣就從這杯喚醒吧！

〔總醣分〕13.6g
〔總熱量〕64cal
〔膳食纖維〕2.4g
〔蛋白質〕1.2g
〔脂肪〕0.3g

材料：×1人分

蘋果……80g
高麗菜……50g
胡蘿蔔……30g
開水……150ml

做法：

1 蘋果、胡蘿蔔洗淨削除外皮，拿取需要的分量切成小丁；高麗菜洗淨後用手撕成小塊。

2 在小鍋內加適量水，煮滾後放入高麗菜葉汆燙15秒撈起，瀝乾水分靜置一會兒。

3 將蘋果、胡蘿蔔丁和高麗菜葉、開水放入果汁機，充分攪打綿細後盛裝進杯裡，即完成。

BREAKFAST

玫瑰果醋

〔製作時間〕2分鐘

每天飲用少量的果醋飲，除了養顏美容，對想瘦身的人來說，
最大的幫助就是加速脂肪代謝、減緩餐後血糖值波動，
讓身體有更充足時間將熱量轉化成蛋白質。
需注意市售果醋多半會額外添加糖分，請選擇天然釀造，避免空腹時喝即可。

〔總醣分〕5.1g
〔總熱量〕23cal
〔膳食纖維〕0g
〔蛋白質〕0g
〔脂肪〕0g

材料：×1人分

玫瑰花醋……2小匙
開水……80ml
冰塊……少許

做法：

1 將玫瑰花醋、開水、冰塊加在一起調勻即可飲用，不喝冰飲的話可不加冰塊。

〔輕鬆料理〕*Point*

＊市售的天然釀造果醋、花草醋等，都可以參考此做法調勻飲用。

LUNCH

PART 3

家常便當菜的豐盛

減醣午餐

為了不讓下午上班時昏昏欲睡，
午餐請記得好好吃，千萬不要餓肚子。
試試飽足感十足的減醣午餐，
所有菜色都很適合製作成常備料理，
夾入便當當配菜，除了減重過程中再也不用挨餓，
還能讓精神變好、皮膚變亮，打造不容易生病的健康體質！

〔總醣分〕 6g | 〔總熱量〕 80cal | 〔膳食纖維〕 1.7g | 〔蛋白質〕 0.8g | 〔脂肪〕 5.4g

LUNCH

油醋彩椒

〔製作時間〕 5分鐘

光看就好刺激人食欲的紅、黃甜椒，
本身的維生素C和β胡蘿蔔素就很豐富，完全不輸水果呢！
生吃熱炒都不影響其色澤表現，是料理蔬菜時的增色好幫手。
雖然醣分會較深綠色蔬菜高許多，但適量補充可以部分替代高醣分的水果營養素。

材料：×1人分

紅甜椒……50g
黃甜椒……50g
初榨橄欖油……1小匙
巴薩米克醋……½小匙
海鹽……少許

做法：

1 將紅、黃甜椒徹底刷洗乾淨後去除梗蒂和籽，切成寬度約0.5cm的條狀。

2 將一小鍋水煮滾，轉中火，放進紅黃甜椒條汆燙約5秒即瀝水撈起，稍微冷卻後和橄欖油、巴薩米克醋及海鹽混拌一下即完成。

〔輕鬆料理〕Point

* 切剩的甜椒將外表水分拭乾，可以密封冷藏約三天，要吃的時候才與油醋混拌。
* 冷藏的汆燙甜椒可運用在沙拉、熱炒料理上，儘早食用完畢風味最佳。

1人分醣分2.5g

〔總醣分〕4.9g

1人分熱量14卡

〔總熱量〕27cal

〔膳食纖維〕1.4g

〔蛋白質〕0.6g

〔脂肪〕0.1g

LUNCH

橙漬白蘿蔔

〔製作時間〕5分鐘

減醣時吃的水果量較少，但別因此害怕維生素會攝取不足，
因為許多蔬菜的維生素含量相當豐富，像白蘿蔔就是其一，
不僅飽含豐富的維生素C還具有澱粉酶。澱粉酶能夠促進碳水化合物消化，
對減肥相當有幫助，減醣時不妨多食用白蘿蔔。

材料：×2人分

白蘿蔔……100g
鹽……¼小匙
現榨柳橙汁……1大匙
無糖蘋果醋……1小匙
蜂蜜……1g

〔輕鬆料理〕Point

＊這道可以常備製作，冷藏保存建議在三天內食用完畢。

做法：

1 將白蘿蔔洗淨後削皮、去除蒂葉，環切成0.3cm厚的圓形薄片後再切成4等分（Ⓐ），放進小型的密封容器，加入鹽抓醃，進冰箱冷藏1小時。

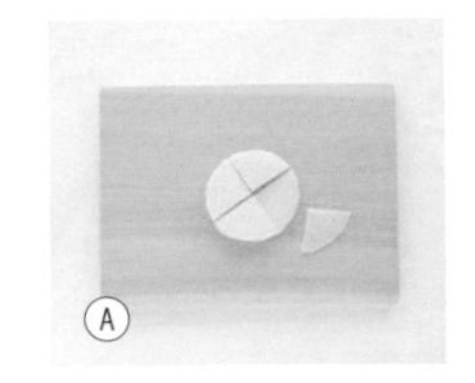
Ⓐ

2 從冰箱取出蘿蔔片，用手擠壓出水分後將所有醃漬後產出的澀水都倒掉，將蘿蔔片再放回容器內，加進柳橙汁、蘋果醋、蜂蜜，加蓋密封後搖晃均勻（Ⓑ），冰箱冷藏2小時後即可食用。

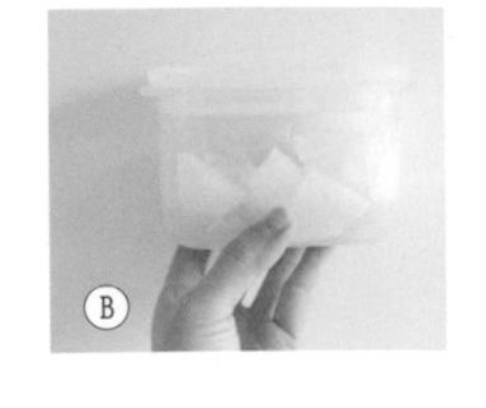
Ⓑ

LUNCH

鵝油油蔥高麗菜

〔製作時間〕5分鐘

高麗菜清甜可口，料理變化性高，營養價值高、富含膳食纖維，
簡單清炒就好吃，還是非常適合帶便當的蔬菜之一，
實在想不到有什麼理由不愛它，你說是不是？

〔總醣分〕
5.2g

〔總熱量〕
104 cal

〔膳食纖維〕
1.1g

〔蛋白質〕
1.4g

〔脂肪〕
8.4g

材料：×1人分

高麗菜……100g
市售鵝油油蔥酥……2小匙
鹽……少許

做法：

1 高麗菜剝葉後去除根部、清洗乾淨，撕成大片狀備用。

2 平底鍋內舀進市售的鵝油油蔥酥，以中小火加熱，待香氣飄出後，放入高麗菜葉拌炒一下，再倒1大匙水和少許鹽，轉中大火拌炒至水分略收乾，即可盛盤。

〔輕鬆料理〕*Point*

＊高麗菜煮湯或和少許蒜末、胡蘿蔔絲、橄欖油一起拌炒也很美味，試看看吧！
自備減醣料理時是很好運用的蔬菜喔。

辣拌芝麻豆芽

〔製作時間〕5分鐘

很多人常誤會黃豆跟黃豆芽都是豆類，黃豆芽確實是黃豆浸泡後生長而成，
但它其實算是蔬菜呢！除了具有豐富膳食纖維、維生素C和E，還含有天門冬氨酸，
能有效防止體內乳酸堆積、緩解疲勞，涼拌後的口感幼嫩爽脆，
是減醣時很推薦的食材。

1人分醣分0.7g

〔總醣分〕
4.3g

1人分熱量47卡

〔總熱量〕
282cal

〔膳食纖維〕
13.6g

〔蛋白質〕
20.4g

〔脂肪〕
19.5g

材料：×6人分

黃豆芽……300g
蒜泥……2小匙
白芝麻……2小匙
韓國辣椒粉……2小匙
白芝麻油……2小匙
鹽……½小匙

做法：

1 加白芝麻進平底鍋，以小火乾煸炒出香氣，熄火靜置冷卻。

2 煮一鍋滾水，黃豆芽洗淨瀝水後，轉小火，放入豆芽燙煮3分鐘，撈起泡進冰開水浸泡3分鐘。

3 將豆芽撈起、充分瀝乾後倒入調理盆，先加芝麻油、鹽、蒜泥，使用調理筷充分拌勻，接著撒入辣椒粉和白芝麻混拌，完成！

〔輕鬆料理〕*Point*

＊黃豆芽需確實煮熟再食用，浸泡冰開水具有抑止豆芽殘餘熱氣讓口感變爛、保持爽脆的效果，此步驟請勿省略。
＊這道涼拌豆芽密封後置冰箱冷藏，可保存三至五天。
＊使用的白芝麻油和辣椒粉可選用韓式品牌（Ⓐ），涼拌後風味更佳。

Ⓐ

〔總醣分〕	〔總熱量〕	〔膳食纖維〕	〔蛋白質〕	〔脂肪〕
4.8g	35cal	2.1g	1.6g	0.3g

LUNCH

芥末秋葵

〔製作時間〕  5分鐘

秋葵是一種能抑制糖分吸收、高纖低卡、保健腸胃、
具有豐富鈣質、蛋白質的蔬菜，但蠻多人不敢吃外表有絨毛又有黏液的秋葵，
其實只要在調味上做點小變化，簡單就能料理得很美味喔！

材料：×1人分

秋葵……50g
芥末醬……½小匙
醬油膏……1小匙
醬油……½小匙
柴魚片……少許

〔輕鬆料理〕Point

＊購買時選擇外表絨毛細緻、長度約5公分內的秋葵，口感越嫩脆。
＊斜切成小段的秋葵和其他蔬菜清炒、煎蛋或加在湯裡，都是很適合的減醣料理做法。

做法：

1 秋葵充分洗淨，沿著蒂頭將表面硬皮切除備用（Ⓐ），芥末醬、醬油、醬油膏先加入調理盆調和均勻備用。

2 準備小鍋水以中火煮滾，放入秋葵汆燙20秒，撈起瀝乾水分後放入調理盆和醬汁裹拌均勻，盛盤後綴上少許柴魚片即完成。

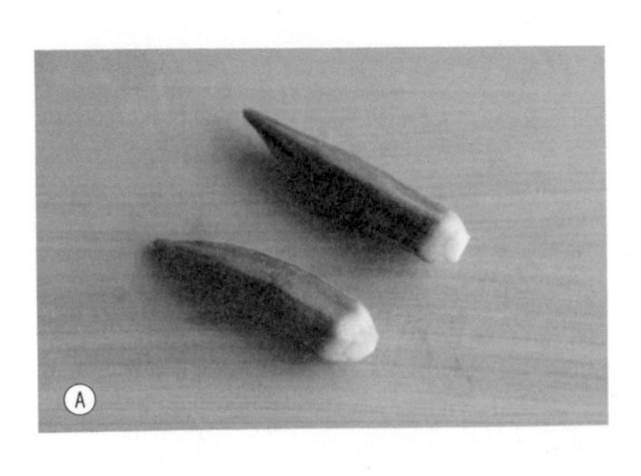
Ⓐ

三杯豆腐菇菇時蔬

〔製作時間〕12分鐘

台式的三杯料理很適合減醣時嘗試，
不過不建議依照傳統做法放許多油、酒、醬油和糖，可以試看看這個改良版，
有豐富的鮮菇、甜椒還有油豆腐，清淡但醇香醬香不減，
尤其素食族群不妨多嘗試以這道當主菜。

〔總醣分〕13.4g

〔總熱量〕259cal

〔膳食纖維〕5.8g

〔蛋白質〕11.6g

〔脂肪〕15.2g

材料：×1人分

紅甜椒……50g
黃甜椒……50g
杏鮑菇……50g
鴻喜菇……50g
油豆腐……50g
水……1小匙
九層塔……15g
黑麻油……2小匙
醬油……1小匙
米酒……2小匙
大蒜……2粒
老薑……3片

做法：

1. 紅、黃椒洗淨切成寬約3.5cm的片狀；杏鮑菇、鴻喜菇洗淨瀝水去除根部；杏鮑菇切成厚度約1cm斜片狀；油豆腐切成厚塊，蒜和薑都切片；九層塔洗淨瀝水備用。
2. 炒鍋內倒入黑麻油，中火熱鍋後轉小火，先放進蒜片、薑片煸炒約3分鐘，接著轉中火，加進紅、黃椒片炒約2分鐘，加1小匙水再炒2分鐘。
3. 接著加入杏鮑菇、鴻喜菇翻炒均勻，再放油豆腐、醬油、米酒炒，直到醬汁收乾一半，撒入九層塔拌一下即可起鍋盛盤。

涼拌香菜紫茄

〔製作時間〕6分鐘

含有綠原酸可以降低腸道吸收糖分的茄子，在減醣期間能發揮很大的減肥功效。
不過很多人料理茄子時，最傷腦筋的就是色澤和口感容易風味流失，
用這道食譜教學的祕技，可以節省時間提前製作，
又不需要經過繁瑣的油炸程序，蒸拌後既美麗又美味。

〔總醣分〕5.9g

〔總熱量〕90cal

〔膳食纖維〕3.5g

〔蛋白質〕2.9g

〔脂肪〕5.2g

材料：×1人分

茄子……½根（約100g）
大蒜……1粒
醬油……½大匙
烏醋……½大匙
白芝麻油……1小匙
辣椒……1小根
香菜……1束

做法：

1 茄子洗淨後先切成3cm的小段，然後每段再剖半；大蒜、辣椒、香菜切成細末，和醬油、烏醋、白芝麻油先調勻成沾醬備用。

2 準備蒸鍋，注入半鍋水、擺上蒸架，大火將水煮滾後才將茄子鋪排蒸架內、蓋上鍋蓋，蒸5分鐘熄火，取出茄子放涼、淋上沾醬，完成。

〔輕鬆料理〕*Point*

* 茄子烹調後想保持鮮明豔紫的漂亮顏色（Ⓐ），大火蒸煮＋蒸5分鐘是祕訣，一蒸好就要將茄子立即取出以免顏色變深、影響口感。
* 茄子可以一次多蒸一些，沒吃完的部分密封冰箱冷藏可保存到隔日仍可食用。醬汁請另外製作，要吃的時候才淋上，風味最佳。

Ⓐ

椒麻青花筍

〔製作時間〕 5分鐘

青花筍就是青花菜筍，產季為春季，高纖、高鈣、高鐵又富含多種礦物質，
是青花菜和芥藍菜的混種，口感也介於青花菜與芥藍菜之間。
清炒就很好吃，嚐起來清脆微甜不苦澀，適合帶便當。
此外，也可以添煮在湯裡，但煮湯的話建議當餐喝完勿重複加熱，滋味最佳。

〔總醣分〕3.4g
〔總熱量〕90cal
〔膳食纖維〕4g
〔蛋白質〕3.7g
〔脂肪〕5.8g

材料：×1人分

青花菜筍……100g
大蒜……1粒
花椒粒……½小匙
乾辣椒……2根
鹽……¼小匙
橄欖油……1小匙

做法：

1 青花菜筍洗淨、去掉硬梗、用手摘成適合食用的小段，蒜剝皮切成薄片、乾辣椒切小段備用。

2 炒鍋內放油的同時也加入花椒粒，小火煸炒出香氣後將花椒撈除，轉中小火，放入蒜片和乾辣椒炒約2分鐘，接著轉大火，擺入青花菜筍、少許水和鹽，拌炒均勻即可盛盤。

〔輕鬆料理〕Point

＊花椒以小火炒才不會炒出苦味。

西芹胡蘿蔔燴腐皮

〔製作時間〕10分鐘

加熱一樣好吃的蔬菜，如高纖低卡的西洋芹和維生素多多的胡蘿蔔都是好選擇，再加入新鮮的豆腐皮，以中式料理的調味方式拌炒，嫩脆蔬香與豆香融合無間，是既美味又有飽足感的一道減醣主菜。

〔總醣分〕
9.8g

〔總熱量〕
367cal

〔膳食纖維〕
3.9g

〔蛋白質〕
27.8g

〔脂肪〕
22.9g

材料：×1人分

西洋芹菜……100g
胡蘿蔔……30g
豆腐皮……100g
大蒜……2粒
鹽……¼小匙
辣豆瓣醬……1小匙
沙茶醬……1小匙
醬油……1小匙
水……2大匙
橄欖油……2小匙

做法：

1 西洋芹洗淨後，可先用削皮器將表面粗纖維絲刮除、切成斜段；大蒜剝皮切片；豆皮切成一口大小的塊狀；胡蘿蔔洗淨去皮後切成厚度約0.3cm片狀備用。

2 炒鍋內加橄欖油，中火熱鍋後放入胡蘿蔔片拌炒2～3分鐘，接著放入西洋芹拌炒2分鐘，加進蒜片炒出香氣後，加鹽和少許水翻炒至水分快收乾。

3 將以上蔬菜先撈起備用，原鍋放進豆皮以中小火煎到兩面金黃變酥，接著倒入辣豆瓣醬、沙茶醬、醬油和水調勻的醬汁，煮到收汁到一半，轉中大火，放回蔬菜拌炒2分鐘，起鍋盛盤。

XO醬煸四季豆

〔製作時間〕 5分鐘

減醣時，在吃這方面的樂趣確實提升許多，
過去認為高熱量的XO醬或沙茶醬，其實他們的醣分都很低，只要不食用過量，
少許應用在料理上，就能讓食物更有滋味、富有香氣，
和全年都吃得到、膳食纖維含量高的四季豆一起料理，非常適合。

〔總醣分〕5.1g
〔總熱量〕92cal
〔膳食纖維〕2.3g
〔蛋白質〕3.7g
〔脂肪〕5.3g

材料：×1人分

四季豆……100g
XO醬……2小匙
大蒜……1粒
鹽……少許

做法：

1 四季豆洗淨切除蒂頭、撕除邊緣的粗纖維絲（去粗筋）後，斜切成段，大蒜切成碎末備用。

2 炒鍋內加3～4大匙水以中大火煮滾，放入四季豆水炒至水分接近收乾，將四季豆以鏟子撥到鍋子邊緣，空出鍋中央位置，先加入XO醬炒出香氣，接著放蒜末拌炒。

3 加少許水，將四季豆和XO醬、蒜末一起拌炒，撒少許鹽拌均勻，完成。

〔輕鬆料理〕Point

＊四季豆務必充分煮熟，因為其中含有皂素、凝血素等成分，若未充分加熱就食用恐有引起食物中毒的擔憂。

宮保雞丁

〔製作時間〕10分鐘

傳統的宮保雞丁做法除了油多、醬濃、辣椒香之外，
一般還會加糖拌炒出光澤和甘香，美味是沒話說的，
但比較適合配大量米飯、不適合減醣時吃。
減醣後的宮保雞丁以醃醬醃出多汁滑嫩口感，添加小黃瓜讓口感更爽脆清甜，
調味料也拿捏得恰如其分，瘦身餐裡加入這道實在太享受了。

材料：×1人分

雞胸肉……150g
小黃瓜……1根（約100g）
乾辣椒……2根
蒜末……1小匙
薑末……1小匙

雞胸肉醃料：
水……1大匙
香油……1小匙
鹽……½小匙

調味料：
醬油 1小匙
鹽……¼小匙
烏醋……1小匙

〔總醣分〕3.7g
〔總熱量〕229cal
〔膳食纖維〕1.7g
〔蛋白質〕35.3g
〔脂肪〕6.6g

做法：

1 小黃瓜洗淨切除頭尾、切滾刀塊；雞胸肉切成小丁後，加進雞胸醃料醃15分鐘，乾辣椒切成小段、薑蒜切成末。

2 平底鍋以中火熱鍋，直接放進雞胸肉丁煎，外表煎出明顯金黃色後先盛起備用。

3 原鍋放入小黃瓜塊翻炒1分鐘，轉小火、蓋上鍋蓋燜2分鐘。加進蒜末、薑末、乾辣椒一起拌炒2分鐘，炒出香氣後轉中火，將雞胸肉、醬油和鹽倒回鍋中一起炒，起鍋前淋烏醋炒匀即可盛盤享用。

〔輕鬆料理〕*Point*
＊雞胸因為有加香油醃漬，煎的時候就不需要在鍋內再放油。

乳酪雞肉捲

〔製作時間〕 10分鐘

比一般起司更加清新爽口的莫扎瑞拉（Mozzarella）起司，
捲進彈嫩雞腿肉裡一起炙烤，一口咬下，皮酥肉嫩、內餡牽絲，
好香濃好誘人呀！誰能想到減肥也能吃得這麼夢幻？當然可以，
雞肉和起司的醣分都很低，減醣時請愉快開動！

材料：×1人分

無骨雞腿排⋯⋯1片（約150g）
莫札瑞拉起司片⋯⋯1片（約22g）
鹽⋯⋯適量
黑胡椒⋯⋯少許

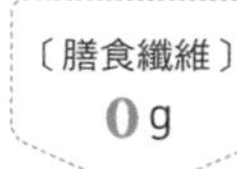

〔蛋白質〕 33.2g

〔脂肪〕 17.8g

做法：

1 將雞腿排的骨柄切除，兩面撒上薄薄一層鹽，揉勻，在雞肉那一面鋪上起司片，然後用點力道捲緊，整個雞肉捲外包覆一層保鮮膜，一樣也是包緊固定，放冰箱冷藏一天。

2 將雞肉捲從冰箱取出、撕除保鮮膜，靜置恢復室溫後，用廚房紙巾吸乾表面水分。

3 烤盤上鋪一層烘焙紙、放入雞肉捲（收口處朝下），放入烤箱以200℃烤20分鐘、調230℃烤3分鐘，取出靜置10分鐘稍微放涼，切成數段再撒些黑胡椒即完成。

〔輕鬆料理〕*Point*

＊以綿繩固定雞肉捲，烤出來的肉型會更加好看。
＊烤雞肉捲時，不建議擺在有網架的烤盤烘烤，因為起司遇熱會融化掉落至網架內，這樣雞肉捲切開後會看不到起司唷！

黑胡椒醬烤雞翅

很多人過去減肥的時候不敢吃雞翅，認為雞皮覆蓋的範圍多、熱量也會很高。
其實減醣著重的是食物中醣分的多寡，再來就是蛋白質要攝取足夠，
所以別再擔心老是不能吃雞翅、雞腿這類雞肉部位囉！

〔總醣分〕4g　〔總熱量〕265cal　〔膳食纖維〕0.2g　〔蛋白質〕19.7g　〔脂肪〕16.8g

材料：×1人分

雞翅……5隻

醃料
- 大蒜……1粒
- 醬油……1大匙
- 清酒……1大匙
- 鹽……少許
- 黑胡椒粉……少許

做法：

1 將雞翅與全部醃料一起混合拌勻，冰箱冷藏醃漬至少1小時。

2 漬好的雞翅從冰箱取出，靜置恢復室溫。準備烤盤，鋪上一層錫箔紙，抹上薄薄一層油再擺上醃好的雞翅，以小烤箱（或一般烤箱設定200℃）烤18分鐘，挾出盛盤。

〔輕鬆料理〕*Point*

＊這道也可以前一天醃漬，隔天再烤，會更入味。

韓國泡菜豬肉

〔製作時間〕 10分鐘

含有大量膳食纖維、維生素和對人體有益乳酸菌的韓式泡菜，酸辣適中十分開胃。
以減低醣分的做法炒出的泡菜豬肉一樣美味，很適合做為減醣常備料理，
拿來搭配涼拌小菜、少許糙米和清湯，就是既有飽足感又營養豐富的瘦身餐。

1人分醣分5g	1人分熱量469卡
〔總醣分〕10g	〔總熱量〕938cal

〔膳食纖維〕	〔蛋白質〕	〔脂肪〕
5.7g	34.8g	81.6g

材料：×2人分

豬五花肉片……200g
韓式泡菜……140g
韭菜……30g
蒜末……1小匙
薑末……1小匙
青蔥……2根
醬油……2小匙
白芝麻油……1大匙

做法：

1 將韭菜、青蔥洗淨切段，大蒜和薑切成末備用。

2 炒鍋內加入麻油，以中火熱鍋後加進豬五花肉片，一下鍋先均勻鋪開肉片不要馬上炒，等稍微出現一點金黃褐色才翻炒，接著將全部肉片盛起先放置一旁；轉小火，將蒜末及薑末、蔥白放入鍋中央煸炒出香氣，倒入醬油煮滾。

3 緊接著放入韓式泡菜、肉片與蔥蒜薑一同拌炒1～2分鐘，轉中大火，加進韭菜、蔥綠拌炒均勻，完成。

〔輕鬆料理〕Point

＊購買的韓式泡菜若是整顆未剪的話，請切成寬約4cm的小段。

台式豬排

〔製作時間〕 5分鐘

簡單快速、有著五香香氣的薄片豬排是從小就熟悉的家常味，
也是午餐的超級好選擇，與一些蔬菜和湯品輕鬆搭配成套，
非常方便，忙碌時就這麼準備吧！

〔總醣分〕2.7g
〔總熱量〕207cal
〔膳食纖維〕0.2g
〔蛋白質〕22.1g
〔脂肪〕10.4g

材料：×1人分

豬小里肌烤肉片……100g

醃料
- 醬油……½大匙
- 米酒……2小匙
- 大蒜……1粒
- 五香粉……1小撮

橄欖油……1小匙

做法：

1. 調理碗內加入醬油、米酒、蒜泥、五香粉先調勻備用。
2. 豬小里肌肉片約0.4～0.5cm厚，在肉片表面用肉槌輕拍幾下後，放入調理碗內和醃料一起抓勻，室溫下醃15分鐘。
3. 平底鍋內倒入油，中火加熱後放入醃好的肉片，兩面煎熟並煎出漂亮的焦糖褐色即完成。

蒜片牛排

〔製作時間〕 10分鐘

你沒看錯，減醣完全可以吃牛排！
只要注意一日的紅肉量不超過200g，一天不妨選一餐好好享受牛排，
例如搭配水煮青花菜、烤番茄及洋芋泥，就是剛剛好20g醣的完美套餐。
只要照著食譜步驟做，即便是初學者，也能輕易煎出粉嫩多汁的漂亮牛排唷！

〔總醣分〕4.5g

〔總熱量〕343cal

〔膳食纖維〕0.4g

〔蛋白質〕31.3g

〔脂肪〕22.4g

材料：×1人分

沙朗牛排……1片（約150g、2cm厚）
大蒜……2粒
橄欖油……2小匙
海鹽……適量
黑胡椒……少許

做法：

1 大蒜剝皮切成蒜片，牛排抹上薄薄一層鹽，置於室溫醃漬15～20分鐘。

2 平底鍋內倒入橄欖油，中火充分熱鍋後轉小火，將蒜片煎到邊緣略呈金黃色後撈起備用。

3 接著原鍋放入牛排，兩面各煎1分鐘後，盛起牛排置網架，靜置4分鐘。中火熱鍋後，將牛排再放回鍋內，牛排兩面和側邊都各煎20～30秒，盛盤前撒上少許黑胡椒，完成！

〔輕鬆料理〕Point

＊蒜片想要炸出金黃酥脆的口感，請以小火油炸煸至蒜片周圍出現一圈金黃色就起鍋，餘熱會使蒜變酥；若煎到呈深金黃色才起鍋，常會因餘熱變焦，而散發苦味。
＊牛排若是冷凍的，需充分解凍、恢復室溫後才開始醃漬。
＊不一定要選擇沙朗，也可挑選自己喜愛的牛排部位，例如翼板牛、紐約客等都可以。

炙烤牛小排

〔製作時間〕 10分鐘

香氣迷人的烤肉，一定要濃油厚醬或加很多糖才能醃出好味道嗎？
試看看用天然水果汁醃漬的方式吧！不僅低醣低卡、滋味自然微甘又清新，
百吃不膩，搭配生菜或與蔬菜加熱烹調都很適合。

〔總醣分〕
2.9g

〔總熱量〕
336cal

〔膳食纖維〕
0.2g

〔蛋白質〕
18g

〔脂肪〕
26.5g

材料：×1人分

牛小排燒烤肉片……100g

醃料
- 現榨柳橙汁……2小匙
- 醬油……2小匙
- 清酒……2小匙

橄欖油……微量（約½小匙）

做法：

1 將牛小排燒烤肉片和柳橙汁、醬油、清酒一起抓揉，於室溫下醃漬10分鐘。

2 在平底鍋內塗薄薄一層橄欖油，中火熱鍋後，放入醃好的牛肉片煎烤2分鐘，肉片煎到九分熟即起鍋。鍋內這時若還有剩餘的醃肉醬汁，請轉中大火煮滾、煮到略收汁，熄火後，將變得有些濃稠的醬汁淋在盛起的肉片上，完成。

〔輕鬆料理〕Point

＊沒有柳橙的話，也可用香吉士或柑橘榨汁取代，或使用低糖分的市售柳橙汁亦可。
＊也可以用其他牛肉部位替代牛小排，例如牛五花或牛梅花，僅口感及熱量會略有差異。

鹽蔥豆腐

〔製作時間〕5分鐘

優良的植物蛋白質，除了原形的豆類外，
豆腐也是非常好的補給來源，尤其和不同食材一起搭配著吃，
營養吸收會更佳，嚐試看看用不同的烹調方式做組合，
口味多元、發現更多美味吃法也是減醣時的一大樂趣。

〔總醣分〕6.6g
〔總熱量〕117cal
〔膳食纖維〕0.9g
〔蛋白質〕8.7g
〔脂肪〕5.9g

材料：×1人分

板豆腐……100g
洋蔥……10g
青蔥……10g
胡椒鹽……少許
鹽……¼小匙
橄欖油……½小匙

做法：

1 洋蔥及青蔥洗淨切末，板豆腐用廚房紙巾吸乾水分備用。

2 炒鍋內倒入油，中小火熱鍋後放入豆腐，每面煎出漂亮的金黃色後撒少許胡椒鹽先盛盤；原鍋倒入蔥末和洋蔥末炒軟，加鹽調味後盛起綴在豆腐上，完成。

Ⓐ

〔輕鬆料理〕Point

＊豆腐用多少切多少，沒用到的部分放保鮮盒，加過濾水或開水密封冰箱冷藏（Ⓐ），可保存三天。

豆腐漢堡排

〔製作時間〕20分鐘

有時候不想吃太多肉、想換換口味又想補充足夠蛋白質時，
來分外酥內軟的豆腐漢堡排如何？一般漢堡排會加入很多麵粉、鮮奶
去黏合絞肉和蔬菜，減醣時並不適合常吃。真的很饞的時候，
不妨試試加了豆腐、黃豆粉與採用烘烤方式製作而成的漢堡，美味可是完全不打折。

1人分醣分7.4g
〔總醣分〕 14.7g

1人分熱量224cal
〔總熱量〕 447cal

〔膳食纖維〕 4.4g

〔蛋白質〕 36.7g

〔脂肪〕 25.1g

材料：×2人分

板豆腐……100g
豬絞肉……80g
洋蔥……40g
胡蘿蔔……40g
雞蛋……1個
薑末……½小匙
黃豆粉……1大匙
鹽……½小匙
油……½小匙

做法：

1 洋蔥和胡蘿蔔以調理機打成細末，在平底鍋內倒入油，中火熱鍋後接著放入洋蔥末和胡蘿蔔末，炒約5分鐘，盛起在一平盤上放涼備用。

2 板豆腐用手擰掉水分，靜置10分鐘後再將擰碎的豆腐用廚房紙巾吸乾多餘水分。

3 在一調理盆內放入豬絞肉和鹽，搓揉1分鐘直到出現黏性，然後將放涼的洋蔥、胡蘿蔔末和捏碎的板豆腐放入，接著打入一顆蛋、舀入黃豆粉和薑末，充分將所有材料揉勻，放進冰箱冷藏30分鐘。

4 準備烤盤，鋪上一層錫箔紙，塗上薄薄一層油，將冷藏的豆腐漢堡餡取出，分成2等分，整型成兩個橢圓型餅狀鋪在烤盤上，放進小烤箱（或一般烤箱設定200℃）烤15分鐘，烤至漢堡排呈現均勻的金黃色即可出爐。

〔輕鬆料理〕*Point*

＊豬絞肉也可以用雞絞肉取代。
＊想要一次多做幾分保存的話，建議烤熟冷卻後再密封冷凍，每次要吃的時候解凍加熱即可。

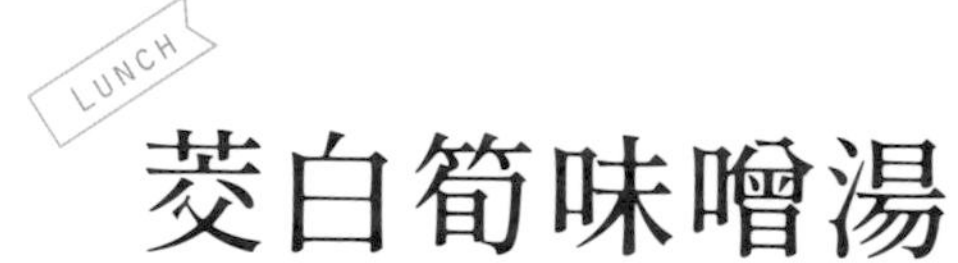

茭白筍味噌湯

〔製作時間〕15分鐘

茭白筍又稱美人腿，水分充足、滋味清甜、纖維含量超豐富，
可增加飽足感和促進消化，是減醣瘦身時的好朋友。
與大豆蛋白質含量高、抗氧化又養顏美容的味噌一起燉湯，滋味格外鮮嫩清爽。
直接烤、煮熟涼拌或熱炒，也是極推薦的變化方式。

1人分醣分3.6g
〔總醣分〕
7.2g

1人分熱量31卡
〔總熱量〕
62cal

〔膳食纖維〕
3.8g

〔蛋白質〕
3.6g

〔脂肪〕
1g

材料：×2人分

乾昆布……10g
味噌……1大匙
柴魚片……10g
茭白筍……150g
鹽……1小匙
水……1000ml

做法：

1 乾昆布與水一起裝瓶後放冰箱冷藏一天，隔天再熬煮。

2 整瓶昆布和水都倒入湯鍋內，中小火煮滾後轉小火滾煮10分鐘，挾出昆布，放入柴魚片攪拌均勻後熄火，蓋上蓋子燜10分鐘後開蓋將湯汁中的柴魚過濾去除，這時完成的是柴魚昆布高湯。

3 轉中火加熱高湯，煮滾後放入去殼洗淨、切成斜段的茭白筍煮2分鐘，加入味噌和鹽調勻後轉小火煮到快要沸騰即可熄火，盛碗享用。

〔輕鬆料理〕Point

＊柴魚昆布高湯可以加不同食材（如金針菇、杏鮑菇、蘿蔔、肉片等）做變化。
＊味噌可以先和部分湯汁調散開來，再倒入湯鍋一起熬煮，會溶解得更均勻。

1人分醣分0.7g

1人分熱量16卡

〔總醣分〕 1.3g

〔總熱量〕 32cal

〔膳食纖維〕 3.7g

〔蛋白質〕 3.5g

〔脂肪〕 0.2g

LUNCH

櫻花蝦海帶芽湯

〔製作時間〕 10分鐘

如果飲食已經著重減醣卻還一直瘦不下來，有可能是身體缺乏礦物質和維生素，這時將富含人體所需礦物質的海帶芽，和鈣質、甲殼素豐富的櫻花蝦，一起燉煮於昆布高湯，湯頭不僅非常鮮香好喝，還能一次補給許多身體所需營養素。

材料：×2人分

乾昆布……10g
櫻花蝦乾……5g
乾海帶芽……10g
水……1000ml
鹽……1½小匙
青蔥……1根

做法：

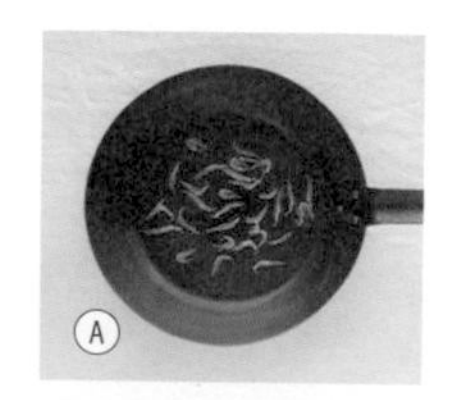

1 乾昆布與水一起裝瓶後放冰箱冷藏一天，隔天再熬煮昆布高湯。

2 將櫻花蝦放進平底鍋內以小火乾煎3分鐘，熄火放涼備用。（Ⓐ）乾燥海帶芽先快速清洗過，浸水泡開後將水瀝掉備用。

3 整瓶昆布和水都倒入湯鍋內，中小火煮滾後轉小火，放進櫻花蝦以小火滾煮10分鐘，挾出昆布，最後加入海帶芽、鹽調勻，要喝之前撒少許蔥花即可享用。

〔輕鬆料理〕Point

＊撈起的昆布可以直接吃或切絲涼拌，或是冷凍保存等燉滷食物時可放入一起滷。
＊昆布泡水可以放冰箱冷藏三天，平時可以常浸泡備用，減肥期間就能當成方便的常備高湯。

〔總醣分〕	〔總熱量〕	〔膳食纖維〕	〔蛋白質〕	〔脂肪〕
0g	0cal	0g	0g	0g

LUNCH

冷泡麥茶

〔製作時間〕 2分鐘

對不能喝含咖啡因飲品，或除了白開水外想偶爾換口味的瘦身族群來說，
還有什麼比能消水腫、促進血液循環和提高基礎代謝率的麥茶更適合呢？
清雅爽口的麥茶富含γ-胺基丁酸（GABA），能抑制血液中的中性脂肪和膽固醇，
時常飲用對瘦身更有幫助唷！

材料：×2人分

麥茶茶包……1袋
開水……1000ml

做法：

1 將茶包和冷開水一起加進冷水壺，放冰箱冷泡至少3小時後再飲用，盡量於三天內飲用完畢。

〔輕鬆料理〕Point

＊若購買的麥茶茶包是需要滾煮後冷卻的話，請參考包裝說明熬煮。

DINNER

PART 4

豐富多變的輕食風

減醣晚餐

晚餐的醣分及熱量攝取可比白天少一些，
以海鮮、蔬菜及調味清淡的輕食料理為主，補充湯品增加飽足感，清爽無負擔；
晚餐吃不吃澱粉類食物都可以，但因夜晚活動量相對較低，
建議飲食安排分量不要太多，才能讓身體充分得到休息。

DINNER

小魚金絲油菜

〔製作時間〕5分鐘

早午餐如果沒有吃雞蛋的話，
晚餐的炒青蔬來變化一下，加點柔軟的蛋絲如何?
以鈣質和礦物質豐富的小魚乾取代蒜末煸香又是另一番滋味，
除了油菜之外，青江菜、菠菜也可以這樣炒呢，
讓一般的炒蔬菜更添鮮美，有機會不妨嘗試看看。

〔總醣分〕
0.8g

〔總熱量〕
146cal

〔膳食纖維〕
1.6g

〔蛋白質〕
11.6g

〔脂肪〕
10.2g

材料：×1人分

油菜……50g
小魚乾……5g
雞蛋……1個
鹽……少許
油……1小匙
水……少許

做法：

1 油菜洗淨切段，雞蛋蛋液加少許鹽攪拌均勻備用。

2 不沾平底鍋以中火加熱，倒入蛋液後搖晃均勻，待邊緣熟了即轉成小火，煎熟後從邊緣輕鏟起蛋皮，放在盤上冷卻。

3 炒鍋內放油，中小火熱鍋後放入小魚乾煸炒約2分鐘，接著倒入油菜段和少許水拌炒至熟，加少許鹽調味後盛盤。

4 冷卻的蛋皮對摺後切成細絲，放在炒好的油菜上點綴，即完成。

薑煸菇菇玉米筍

〔製作時間〕 5分鐘

玉米筍雖然是玉米尚未成熟時採摘的果穗，但醣分比玉米低上許多，
它是蔬菜不是澱粉。清甜爽脆、低醣低卡又高纖維，非常適合和多種蔬菜搭配，
既有飽足感又能增添甘甜風味。
鴻喜菇滑嫩好入口，富含水溶性膳食纖維和多酚物質，
具有包覆脂質、膽固醇，以及減緩脂肪吸收的瘦身效果。

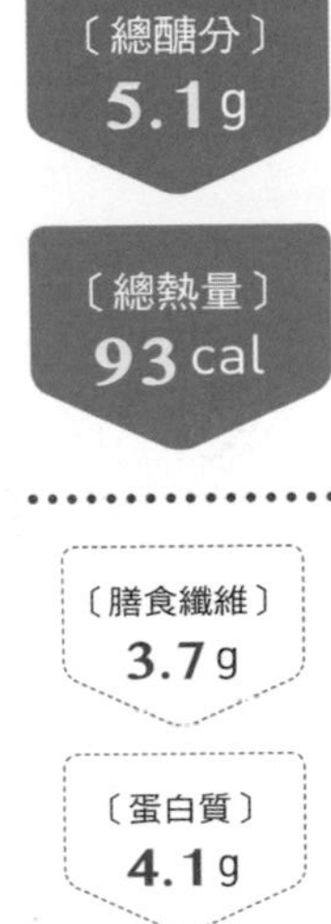

材料：×1人分

玉米筍……50g
鴻喜菇……100g
老薑……3片
黑芝麻油……1小匙
鹽……¼小匙

做法：

1 玉米筍洗淨斜切成段、鴻喜菇洗淨切除根部備用。

2 炒鍋內倒入黑芝麻油和薑片，小火煸炒出香氣後，轉中火，先放入玉米筍拌炒均勻，接著放入鴻喜菇，炒軟後加入鹽充分拌炒，即完成。

青蔥番茄炒秀珍菇

〔製作時間〕8分鐘

番茄中的檸檬酸可幫助代謝醣分、燃燒脂肪，
經過加熱才會釋放的番茄紅素也有吸收多餘脂肪的效果，
而秀珍菇也能減少小腸對醣類與脂肪的吸收，
兩者都是對瘦身有幫助的食材，不妨多多運用。

〔總醣分〕
9g

〔總熱量〕
102cal

材料：×1人分

番茄……1個（約150g）
秀珍菇……50g
青蔥……1根
醬油……1小匙
味醂……½小匙
鹽……½小匙
橄欖油……1小匙

〔膳食纖維〕
2.5g

〔蛋白質〕
3.4g

〔脂肪〕
5.2g

做法：

1 番茄洗淨去除蒂葉後切成大塊，秀珍菇洗淨先放一旁，青蔥洗淨後切成段，將蔥白、蔥綠分開。

2 鍋內加入油後，以中火熱鍋，先放入蔥白拌炒一會兒，再放入秀珍菇炒至水分逼出，接著放入番茄拌炒。

3 炒到番茄軟化後加入醬油、味醂、鹽拌勻，起鍋前撒入蔥綠，略拌一下即可盛盤。

DINNER

冷拌蒜蓉龍鬚菜

〔製作時間〕 5分鐘

椰子油主成分是中鏈脂肪酸，它的好處是，進入體內經由腸道吸收後，
會立即在肝臟燃燒做為能量消耗，有不易屯積體脂肪的優點。
但椰子油畢竟屬於飽和脂肪酸，攝取量還是要稍加控制。
晚上因身體代謝趨緩，烹調時可多運用椰子油替代一般油脂，
冷拌或低溫烹調都很適合。

材料：×1人分

龍鬚菜⋯⋯100g
胡蘿蔔⋯⋯15g
大蒜⋯⋯1粒
醬油⋯⋯1小匙
鹽⋯⋯1小匙
椰子油⋯⋯1小匙

做法：

1 龍鬚菜洗淨後，用手摘成適口的小段、粗硬的梗摘掉，胡蘿蔔洗淨削皮後，以削刀削出小薄片，另外在調理盆內加入椰子油和醬油備用。

2 準備小鍋水，裡頭加入1小匙鹽，煮滾後先放入胡蘿蔔片汆燙數秒，接著放入龍鬚菜汆燙15秒，和胡蘿蔔一同撈起、瀝除水分。

3 大蒜切成蒜末，和汆燙好的龍鬚菜和胡蘿蔔放入調理盆，趁還有餘溫和椰子油、醬油充分混拌，盛盤即可開動。

奶油香菇蘆筍燒

〔製作時間〕 5分鐘

紫洋蔥色澤不僅好看，含有抗氧化、抗發炎的花青素和槲皮素，
它的醣分甚至比黃、白洋蔥還低一些。
將紫洋蔥的烹調時間減少一點，顏色會較紫亮、脆口；
炒軟一點時，滋味則會比較甘甜。
洋蔥與清脆並含有多種人體必須元素的蘆筍，及軟滑又營養的香菇一起料理，
不但口感多層次，也能獲得更多營養素。

〔總醣分〕9.7g

〔總熱量〕119cal

〔膳食纖維〕5g

〔蛋白質〕4.2g

〔脂肪〕4.6g

材料： ×1人分

綠蘆筍……½把（80g）
新鮮香菇……80g
紫洋蔥……50g
味噌……½小匙
清酒……2小匙
鹽……¼小匙
黑胡椒……少許
無鹽奶油……5g

做法：

1 蔬菜全部充分洗淨，蘆筍切成4cm的小段、新鮮香菇對半切、洋蔥切成絲；味噌和清酒先加進小杯內調和均勻，備用。

2 炒鍋內放入奶油，以中火充分熱鍋，待奶油融化放入洋蔥絲先拌炒約30秒，接著放入香菇和味噌、清酒，拌勻後蓋上鍋蓋，燜1分鐘。

3 打開鍋蓋，加入蘆筍炒1分鐘，撒入鹽、黑胡椒炒均勻即可盛盤。

〔輕鬆料理〕*Point*

＊若買不到紫洋蔥也可用其他顏色的洋蔥替代。（白洋蔥50g：醣分4.3g、熱量21大卡；黃洋蔥50g：醣分4.1g、熱量21大卡）

DINNER

木耳滑菇炒青江菜

〔製作時間〕 6分鐘

深綠色的低醣質蔬菜中，青江菜是一年四季常見又清脆可口的好選擇，
鈣含量高又具有抗氧化硫化物，葉酸、維生素C、β-胡蘿蔔素也很豐富，
和富含鈣質、鐵質、蛋白質的黑木耳，及具有粗纖維、可調節膽固醇代謝的金針菇，
口感多層次又能一次獲得多種養分。

〔總醣分〕
7.8 g

〔總熱量〕
121 cal

〔膳食纖維〕
7.6 g

〔蛋白質〕
4.7 g

〔脂肪〕
5.5 g

材料：×1人分

青江菜……100g
金針菇……½包（約100g）
黑木耳……50g
大蒜……1粒
白胡椒粉……少許
烏醋……1小匙
鹽……⅓小匙
橄欖油……1小匙

做法：

1 青江菜洗淨去除根部、切段，黑木耳洗淨切成長條狀，金針菇洗淨，大蒜切成末備用。

2 炒鍋內加入油後以中火熱鍋，放入蒜末後轉中小火煸炒至略呈金黃色，接著放入青江菜葉以外的根部段，拌炒約1分鐘，然後放入木耳、金針菇、少許水炒均勻。

3 轉中大火，放進菜葉、鹽、白胡椒粉炒熟，起鍋前淋烏醋拌一下添香，即完成。

〔輕鬆料理〕Point

＊金針菇在切的時候，連包裝一起從中央剖切（Ⓐ），沒用到的那一半可直接連包裝放入保鮮盒密封，冰箱冷藏請於三天內用完。

〔總醣分〕
0.7g

〔總熱量〕
283cal

〔膳食纖維〕
0g

〔蛋白質〕
27.8g

〔脂肪〕
18.2g

DINNER

檸檬雞腿排

〔製作時間〕15分鐘

晚上一樣可以以肉類做為主要蛋白質來源，
但是建議吃得清爽些，在調味及製作的程序上可以再更簡單一些，
對消化及瘦身都有很好的幫助。

材料：×1人分

無骨雞腿排⋯⋯1片（約150g）

醃料
- 檸檬汁⋯⋯2小匙
- 橄欖油⋯⋯1小匙
- 鹽⋯⋯1g

黑胡椒⋯⋯少許

〔輕鬆料理〕*Point*

＊可提前一天醃漬雞腿冷藏備用，建議一次醃的分量在兩天內烹調食用完畢。

做法：

1 將無骨雞腿排的表皮用叉子戳出一些洞（Ⓐ），雞肉那面用小刀切劃一些刀痕（也就是俗稱的斷筋，請參考Ⓑ），與鹽、檸檬汁、橄欖油充分揉和，放置冰箱冷藏醃至少1小時。

2 從冰箱取出雞腿排，靜置恢復室溫後以廚房紙巾充分吸乾。

3 雞皮面朝下放入平底鍋，鍋內不用放油，以中大火煎約2～4分鐘，適時以鍋鏟壓肉讓雞皮與鍋面貼合，待煎出金黃香脆的雞皮後才翻面。

4 翻面後以中大火煎2分鐘，然後轉小火繼續煎8分鐘，起鍋前撒上少許黑胡椒，即完成。

Ⓐ

Ⓑ

DINNER

黑胡椒洋蔥豬肉

〔製作時間〕 5分鐘

洋蔥含有二烯丙基二硫（Diallyl disulfide），
能促進血液循環，加速身體代謝，能有效降血脂又能幫助排毒。
油脂少的豬後腿肉雖然口感較扎實，但切成肉絲狀很適合和蔬菜一起熱炒，
尤其搭配口感柔軟一點的蔬菜，層次表現會更鮮明。

〔總醣分〕 6.8g

〔總熱量〕 206cal

〔膳食纖維〕 1g

〔蛋白質〕 21.9g

〔脂肪〕 9.1g

材料：×1人分

洋蔥……50g
豬後腿肉……100g
青蔥……1根
黑胡椒……少許
醃料
- 醬油……2小匙
- 米酒……1小匙

橄欖油……1小匙

做法：

1 豬後腿肉切成肉絲後，與醬油、米酒先充分抓揉，醃漬20分鐘。洋蔥洗淨切絲，青蔥洗淨切成段，將蔥白、蔥綠分開。

2 炒鍋內放入油，中火熱鍋後，先加入洋蔥炒至略微軟化，接著放入蔥白拌炒一下，放入醃好的肉絲煎炒，直到肉絲顏色完全反白，撒入黑胡椒和蔥綠拌勻，即可起鍋盛盤。

韓式蔬菜牛肉

〔製作時間〕 10分鐘

改良自韓式炒牛肉做法。低卡高蛋白的牛肉，
醃漬到醬香十足並帶有果香，比加糖炒的版本更自然清甜，
和富含維生素C的蔬菜一起熱炒還能幫助鐵質吸收，
搭配少許米飯和清湯就是豐盛的一餐。

〔總醣分〕 13.4g
〔總熱量〕 261cal
〔膳食纖維〕 4.6g
〔蛋白質〕 23.9g
〔脂肪〕 10.9g

材料：×1人分

牛梅花火鍋肉片……100g
青椒……75g
黃甜椒……50g
胡蘿蔔……50g
鹽……⅓小匙

醃料
- 醬油……1大匙
- 蘋果泥……1大匙
- 蒜泥……1小匙
- 香油……1小匙
- 白芝麻……3g

做法：

1 在調理盆內加進醃料所有材料，放入牛梅花火鍋肉片醃漬15分鐘。

2 將青椒、黃甜椒、胡蘿蔔切成絲，在一炒鍋內加入2大匙水，以中火煮滾，先放入胡蘿蔔絲進去拌炒3分鐘，接著放入青椒、黃甜椒絲炒2分鐘，撒入⅓小匙鹽拌勻。

3 將做法2的蔬菜推到鍋子邊緣，炒鍋中央放入醃好的牛肉炒約2分鐘，直到肉片略反白變色，再跟所有蔬菜一起拌炒，炒勻後即可起鍋盛盤。

〔總醣分〕	〔總熱量〕	〔膳食纖維〕	〔蛋白質〕	〔脂肪〕
3.5g	303cal	0.3g	20.8g	22.2g

速蒸比目魚

〔製作時間〕  8分鐘

白肉魚絕對是減肥時不可或缺的食物來源，對增肌減脂有極大幫助，
容易購買到的比目魚塊蛋白質豐富，是極佳的晚餐選擇。
如果白天的飲食都含有油脂做烹調，
那麼晚上不妨選擇清蒸的方式料理會更清爽。

材料：×1人分

比目魚片……1片（約150g）
青蔥……1根
醬油……2小匙
米酒……1小匙

做法：

1 將青蔥洗淨切成段，蔥白和蔥綠分開，蔥綠切成細絲後浸泡冷水，備用。

2 將醬油和米酒倒入蒸盤調勻，擺入比目魚片，朝下那一面靜置醃10分鐘（Ⓐ）；翻面醃10分鐘，鋪上蔥白段。（Ⓑ）

3 電鍋倒入⅔米杯水，擺入蒸架和裝有比目魚的盤子，盤子上覆蓋一層烘焙紙，防止水分滴落盤內稀釋湯汁，蓋上鍋蓋按下電源開關直到按鈕跳起。

4 取出蒸好的魚後，將瀝水吸乾水分的蔥綠細絲放上點綴，可視口味決定是否加些辣椒增添辛辣味及香氣。

Ⓐ

Ⓑ

鹽烤鮭魚

〔製作時間〕10分鐘

鮭魚的營養價值好高，有豐富的OMEGA-3、DHA等不飽和脂肪酸和必需脂肪酸EPA、維生素B群等，能活化腦細胞、減少疲勞還能預防疾病，對身體健康很有幫助。抹鹽香煎既方便又美味，減醣時是主菜的好選擇。

〔總醣分〕0g
〔總熱量〕281cal
〔膳食纖維〕0g
〔蛋白質〕36.5g
〔脂肪〕14g

材料：×1人分

鮭魚片……1片（約150g）
鹽……適量
橄欖油……1小匙

做法：

1 鮭魚片置於室溫解凍恢復成室溫，撒薄薄一層鹽，醃15分鐘。

2 油倒入平底鍋，以中火充分熱鍋，醃好的鮭魚請先用廚房紙巾充分吸乾水分再下鍋。一面煎2～3分鐘，煎的過程可用鏟子輕輕將魚肉往鍋面壓平，以煎出金黃酥脆的外衣；翻面後繼續以中火煎1分鐘，然後轉小火煎1分鐘即完成。

〔輕鬆料理〕Point

＊魚肉下鍋煎之前務必將外表水分徹底吸乾，可避免遇熱油噴濺的危險或黏鍋，此外，還能煎出外表酥脆的口感。

＊較厚的鮭魚排醃漬時間和煎烤的時間都要延長，沒有把握的話，可以全程以中小火或小火慢煎至熟。

＊想更快速的話，可購買市售的鹽漬鮭魚片，省去醃漬的時間。

〔總醣分〕
5.1g

〔總熱量〕
228cal

〔膳食纖維〕
1.2g

〔蛋白質〕
20.6g

〔脂肪〕
14.4g

DINNER

椒鹽魚片

〔製作時間〕  8分鐘

容易購買的鯛魚片，料理的運用度非常廣泛，除了直接煎也可以煮湯、蒸食，
或採用半煎、半炸的方式，裹粉後煎酥再調味都很美味，
吃法很多，在減醣期間不妨多變化。

材料：×1人分

鯛魚片……100g
黃豆粉……1小匙
大蒜……1粒
青蔥……1根
乾辣椒……1根
胡椒鹽……適量
鹽……適量
油……2小匙

做法：

1 在鯛魚片的兩面撒上薄薄一層鹽，醃漬10分鐘。大蒜剝皮切成末、青蔥洗淨切成蔥花、乾辣椒切碎，備用。

2 將醃好的鯛魚片切成一口大小，放入保鮮盒，加入黃豆粉後密封蓋上，輕輕搖晃讓黃豆粉均勻裹在魚片上（Ⓐ），靜置5分鐘，待乾粉被魚肉本身的濕度浸潤反潮（Ⓑ），再進行下一步驟。

3 將油倒入煎鍋內，以中火熱鍋後放入魚片煎至兩面呈漂亮金黃色，接著將魚肉盛起，以鍋內餘油小火爆香蒜末、蔥花、乾辣椒末，再把魚片放回鍋中，撒適量胡椒鹽略加拌炒，起鍋盛盤即完成。

Ⓐ

Ⓑ

居酒屋風炙烤花枝杏鮑菇

花枝和杏鮑菇都是富含優良蛋白質的食物，
尤其花枝具有不飽和脂肪酸、杏鮑菇富含膳食纖維，
兩者對降血脂都有很大幫助，而且也非常適合炙烤，
偶爾想吃宵夜的時候，是個好選擇，非常推薦。

〔總醣分〕9.5g

〔總熱量〕129cal

〔膳食纖維〕3.3g

〔蛋白質〕15g

〔脂肪〕5.9g

材料：×1人分

花枝……1尾（約100g）
杏鮑菇……100g
醃料
- 清酒……1小匙
- 鹽……2小撮

辣椒粉……少許
胡椒鹽……少許
橄欖油……½小匙

做法：

1. 將花枝洗淨、去除臟器後切塊，和鹽和清酒抓醃10分鐘；杏鮑菇切成薄片，備用。
2. 在一烤盤上鋪上錫箔紙，塗上一層橄欖油，鋪上撒了辣椒粉和胡椒鹽的杏鮑菇切片以及花枝，以小烤箱（或一般烤箱設定200℃）烤10分鐘，挾出盛盤。

蒜辣爆炒鮮蝦

〔製作時間〕10分鐘

類似西班牙蒜辣蝦的做法，需要略多的橄欖油和大蒜去爆炒。
這道料理蒜香迷人、辛香夠味、蝦肉鮮彈，好吃到時常會想做來吃。
正因為減醣不用過於顧忌油脂烹調，才能如此愉快地享受美味。

〔總醣分〕3.6g

〔總熱量〕166cal

〔膳食纖維〕0.4g

〔蛋白質〕15.3g

〔脂肪〕10.5g

材料：×1人分

草蝦仁……150g
大蒜……2粒
乾辣椒……2根（僅增香不食用）
黑胡椒……少許
鹽…… 適量
橄欖油……2小匙

做法：

1 大蒜剝皮切成薄片，將草蝦洗淨去頭殼去腸泥，取出草蝦肉和2撮鹽抓醃5分鐘。

2 在平底鍋內倒入橄欖油，以中火熱鍋後轉小火，放入蒜片和乾辣椒，慢慢煸炒3分鐘。

3 待香氣溢出，將蒜片及乾辣椒撥到鍋子的邊緣，轉中火，將蝦肉以紙巾徹底吸乾水分再放入鍋內煎烤，兩面各煎約1分鐘，撒入¼小匙的鹽，接著和蒜、黑胡椒及乾辣椒一起拌炒均勻，即可起鍋盛盤。

〔輕鬆料理〕*Point*

＊體積較大的草蝦仁，煎烤時可延長多一點時間。

毛豆蝦仁

〔製作時間〕10分鐘

有時不妨運用一些大豆類食物取代大量澱粉，做為日常飲食的一部分，
營養價值高又具有飽足感。像毛豆就屬於大豆類食物，
含有豐富的植物性蛋白和膳食纖維，而且毛豆還具有能清除血管壁脂肪的化合物，
對降低血脂和血液中的膽固醇都有很大幫助。
搭配鮮美有彈性、無醣分低熱量的蝦肉，非常美味。

〔總醣分〕4.4g　〔總熱量〕223 cal　〔膳食纖維〕3.4g　〔蛋白質〕29.5g　〔脂肪〕7.6g

材料：×1人分

毛豆仁……50g
白蝦蝦仁……100g
大蒜……1粒
醃料
- 米酒……1小匙
- 鹽……適量
- 白胡椒粉……適量

做法：

1. 大蒜去皮切成蒜末；蝦子洗淨去除頭、殼，挑除腸泥，將取出的蝦仁水分以紙巾吸乾，然後加入½小匙鹽、米酒、少許白胡椒粉抓揉均勻，醃10分鐘。
2. 毛豆仁洗淨，準備小鍋水加1小匙鹽，水煮滾後放入毛豆仁汆燙3分鐘，燙好後撈起瀝乾水分，備用。
3. 炒鍋內加入油，中火熱鍋後放入蒜末爆香，接著放進醃好的蝦仁煎炒2分鐘，再放入毛豆仁拌炒1分鐘，起鍋完成。

香煎奶油干貝

〔製作時間〕3分鐘

干貝的蛋白質含量遠高於蝦肉，具有降膽固醇的功用，
用最簡單的方式乾煎或蒸烤，即非常鮮美。
很適合搭配蔬菜或做成沙拉食用，尤其想犒賞自己一下時，更加推薦。

〔總醣分〕2.5g
〔總熱量〕123 cal
〔膳食纖維〕0g
〔蛋白質〕19.1g
〔脂肪〕4.7g

材料：×1人分

干貝……150g
無鹽奶油……5g
胡椒鹽……少許

做法：

1 將可生食的冷凍干貝退冰後，用廚房紙巾充分吸乾水分備用。

2 奶油放入煎鍋，以中小火融化後放入干貝，煎至兩面呈金黃微焦的色澤即可盛盤，要吃之前再撒少許胡椒鹽。

〔輕鬆料理〕Point
＊解凍干貝比較適合前一晚放置冰箱冷藏，自然解凍，或是提早於用餐前置於室溫解凍。

蒜苗鹽香小卷

〔製作時間〕 7分鐘

小卷是一種無論煮湯或是蒸炒都很美味的海鮮，
是想瘦身時適合的食材。由於不飽和脂肪酸含量高，對預防心血管疾病很有幫助。
蒜苗也同樣具有降血脂和預防心血管疾病的功用，
與小卷一起半蒸、半炒後，鮮甜滋味表現得會更有層次。

〔總醣分〕 5.2g

〔總熱量〕 173cal

〔膳食纖維〕 1g

〔蛋白質〕 24.7g

〔脂肪〕 5.6g

材料：×1人分

小卷……150g
蒜苗……半根
米酒……1小匙
胡椒鹽……適量
橄欖油……1小匙

做法：

1 蒜苗洗淨切成斜段，小卷洗淨後掏除內臟、軟骨備用。

2 炒鍋內加油以中火熱鍋，加入蒜苗後稍微拌炒，接著即加入小卷拌勻，蓋上鍋蓋燜2分鐘後打開鍋蓋，淋入米酒，撒入少許胡椒鹽拌炒一會兒，起鍋盛盤，即完成。

鮮甜蔬菜玉米雞湯

〔製作時間〕20分鐘

雞骨高湯和不同種類的蔬菜一起燉煮，色澤豐富漂亮、營養也更多元，
喝起來非常爽口、散發自然甘美的滋味，對於減醣時想運用湯品補充蔬菜養分、
或搭配蛋白質食物、少許澱粉、希望提升飽足感的情況非常方便運用，
有時候也可以一次燉煮多一些高湯密封冰箱凍，搭配餐點會更輕鬆。

1人分醣分13.3g
〔總醣分〕
26.5g

1人分熱量150卡
〔總熱量〕
300cal

〔膳食纖維〕
9.3g

〔蛋白質〕
24.6g

〔脂肪〕
7.5g

材料：×2人分

雞胸骨……2副
大白菜……100g
胡蘿蔔……50g
黃玉米……1根（約140g）
青蔥……1根
鹽……1½小匙
水……1000ml

做法：

1 熬湯用的雞骨洗淨，準備一鍋水（水約略淹過雞骨的分量），將水以大火煮滾後放入雞骨，煮至水再次滾，轉小火煮3分鐘，撈起雞骨將浮沫洗乾淨。

2 準備一個湯鍋，注入1000ml水和一根洗淨的青蔥，中大火煮滾，放入汆燙過的雞骨後，轉小火燉1小時。

3 放入洗淨切成厚片的胡蘿蔔、切段的黃玉米，煮15分鐘，最後放入大白菜和鹽再煮15分鐘，即完成。

〔輕鬆料理〕*Point*

＊也可以只熬雞骨高湯，另外自行搭配喜歡的食材做不同變化。（Ⓐ）

〔總醣分〕 0.8g | 〔總熱量〕 208cal | 〔膳食纖維〕 0.1g | 〔蛋白質〕 21.8g | 〔脂肪〕 12g

DINNER

薑絲虱目魚湯

〔製作時間〕 5分鐘

這道簡易魚湯的做法適用於絕大多數的白肉魚，
像是石斑、鱸魚、比目魚及吳郭魚也都適用，
能讓湯的烹調過程大幅縮減也能快速產生鮮味，
飽足感十足，非常推薦多多運用。

材料：×1人分

虱目魚片……100g
嫩薑……10g
米酒……1小匙
油……½小匙
水……400ml
鹽……⅓小匙

做法：

1 嫩薑洗淨先切片後再切成細絲，在湯鍋內抹一層油，小火煎香薑絲。

2 加入熱水和米酒，以中火煮滾後放入魚片，燉煮3分鐘加入鹽，再轉小火煮1分鐘，即完成。

〔總醣分〕	〔總熱量〕	〔膳食纖維〕	〔蛋白質〕	〔脂肪〕
0.8g	61cal	1.4g	1.1g	5.2g

DINNER

麻油紅鳳菜湯

〔製作時間〕  5分鐘

紅鳳菜又稱紅菜，鐵質豐富，花青素和膳食纖維含量也高。
過去曾有很多說法表示它不適合夜間食用，
其實是因為紅鳳菜偏涼性的屬性導致這樣的說法，
若和熱屬性的麻油、薑等食材一起充分加熱，就不用擔心性寒的問題，請安心享用。

材料：×1人分

紅鳳菜葉……50g
嫩薑……3片
黑芝麻油……1小匙
米酒……1小匙
水……350ml
鹽……½小匙

做法：

1. 將嫩薑洗淨削皮後切成薄片；紅鳳菜洗淨用手摘折下菜葉，硬梗去除，備用。
2. 湯鍋內倒入黑芝麻油以中小火熱鍋，放入嫩薑煎出香氣後，倒入水和米酒以中火煮滾。煮滾後放進紅鳳菜葉，汆燙約1分鐘，加進½小匙鹽攪拌後再煮1分鐘，即完成。

青蒜鱸魚湯

〔製作時間〕 15分鐘

鱸魚肉質白嫩帶有彈性，是台灣很常見的魚類，無醣、低卡，
富含脂溶性維生素（維生素A、D），能有效提升身體抵抗力。
煎香後和能讓湯頭快速鮮美的蛤蜊一起煮，佐上豐富的蔥蒜九層塔添香，
滋味鮮甘、香氣濃郁，再搭配一分蔬菜就是完美的減醣套餐，
美味有飽足感又能保健身體。

〔總醣分〕14g
〔總熱量〕340cal
〔膳食纖維〕1.6g
〔蛋白質〕44.1g
〔脂肪〕13g

材料：×1人分

鱸魚魚片……1片（約100g）
蛤蜊……300g
青蔥……1根
蒜苗……½根
大蒜……1粒
九層塔……少許
清酒……1大匙
水……500ml
鹽……¼小匙
橄欖油……2小匙

做法：

1 鱸魚魚片兩面各撒一層薄鹽，室溫下醃15分鐘。青蔥洗淨切成蔥花，蔥白、蔥綠分開；蒜苗洗淨切碎、大蒜切成末、九層塔洗淨瀝乾，備用。

2 平底鍋內倒1小匙橄欖油以中火熱鍋，將魚片用廚房紙巾徹底吸乾水分、魚皮朝下放入鍋內煎，煎到魚皮外觀呈金黃焦酥後翻面，兩面煎熟後盛起放入湯碗內。

3 炒鍋內倒1小匙橄欖油，中小火爆香蔥白、蒜末，炒出香氣後放入蛤蜊、清酒拌炒，蛤蜊殼一打開就先將蛤蜊挾起，備用。

4 炒鍋內倒入清水煮滾，放進蒜苗和鹽以中火滾煮3分鐘，若有浮沫請用濾網撈除，放回蛤蜊，接著小火煮2分鐘，撒入九層塔拌勻。

5 熄火，將全部的湯倒入裝著魚片的湯碗內，即完成！

〔輕鬆料理〕Point

＊平時可購買賣場冷凍區的大包鱸魚片（每片約100～150g），平時保存在冰箱冷凍庫。單片包裝的魚片容易解凍，無論乾煎、蒸食、熬湯都非常方便。

韓式泡菜蛤蜊鯛魚鍋

〔製作時間〕12分鐘

偶爾想吃小火鍋的時候，只要一鍋就能同時滿足醣分熱量及多種營養，
不妨以這樣的形式增減自己喜歡的食材做變化，覺得不夠飽足的話，
還可以添加一些醣質極低的寒天麵。

〔總醣分〕
18.9g

〔總熱量〕
393cal

〔膳食纖維〕
4.9g

〔蛋白質〕
38g

〔脂肪〕
18.5g

材料：×1人分

蛤蜊……100g
鯛魚片……100g
嫩豆腐……150g
洋蔥……50g
美白菇……100g
韓式泡菜……30g
青蔥……1根
薑末……1小匙
蒜末……1小匙
醬油……2小匙
油……1小匙
香油 ……1小匙
鹽……1小匙
水……600ml

做法：

1 文蛤、美白菇、青蔥洗淨；嫩豆腐切成大塊；洋蔥切絲備用。

2 湯鍋內加入油及香油，中火熱鍋後放入薑和蒜末炒香，接著放入洋蔥拌炒2分鐘。

3 加入文蛤、韓式泡菜、醬油拌勻，注入水和鹽以大火煮滾，轉小火蓋上鍋蓋燜15分鐘。打開鍋蓋放進美白菇、鯛魚片、嫩豆腐、切段青蔥，再煮5分鐘即可上桌。

附錄 1

偶爾放鬆一下！減醣休息日這樣安排

減醣無壓力，犒賞自己也不擔心復胖

以前我只要一減肥就像拉起警戒線，凡是與肥胖扯上邊的連看都不敢看，深怕一個忍不住就狂吃猛嗑，結果就是越壓抑越難以克制，就算面前沒有任何誘惑也一直在心裡偷想，然後就在某個意想不到的時刻著魔般失控。

減醣之後，這種壓抑的感覺幾乎消散，因為減醣是容許偶爾「小犯規」的。我自己是在階段性目標達成後，才每隔一段時間「小放鬆」，比如瘦了5公斤就去旅行、每減一個月就休息一天，這樣做法並不像過去容易復胖，反而能讓心情獲得調適更能持續，這樣的方式對生活無法脫離美食的我非常受用。

減醣初期瘦下4公斤後，每個月一次帶孩子出遠門，我會小放鬆一兩天，回來就繼續減醣；減醣半年瘦到7公斤時，去了京阪自助六天。好幾天在民宿自己做早餐、外出也愉快地吃，那是第一次給自己好好放大假，沒想到天天大吃的情況下，回國後體重卻沒有增加，不像以前一趟出遊就肥一圈。回來後立即恢復減醣，身型就能維持不會走樣。該投入的時候全心投入，該吃該玩就要瘋狂盡興，各方面都滿足了，保持平衡才不會失衡。

減醣過程碰到家庭聚餐、朋友聚會或各種節日喜慶，我會視自己的瘦身狀況做評估，平時很努力也達到階段目標的話，那就放鬆一下，不滿意，那就依據減醣原則挾取適合的食物，不要給自己「減肥就必須處處節制」這種壓力，減肥根本不必這麼可憐好嗎？

減醣飲食彈性大，不再怕油又怕肉！

我常收到讀者問我跟同事聚餐或喜宴時，減醣該怎麼吃？這些場合其實一樣可以減醣，而且也不會有人發現，像是喜宴少吃羹湯或糖醋等重調味的食物、多挾生魚片或多吃海鮮和雞湯，這些低醣的美食，不要吃過量就好，根本不用擔心。跟親友聚餐時不妨主動提議適合的場所，像是火鍋、燒烤、日式料理或輕食餐廳等都是好選擇，既可以開心地大家一起用餐，又能讓自己的心與胃都獲得療癒，現在我反而覺得減醣後，飲食變得更均衡、更自在愉快。

平常減醣都吃足吃好、一段時間來個「休息日」，沒理由這樣還堅持不了。有試過怕油、怕肉、什麼都怕的不當熱量減肥法的話，比較一下，相信你的感觸會更深。減醣能吃的食物範圍寬闊太多了，是我所有瘦身歷程中吃最多鹽酥雞和排餐的一次，卻是唯一一次我真正瘦，並且瘦很久的一次。（不過我並不鼓勵大家常吃，畢竟油炸物對身體無益）

不過，減肥再怎麼人性化畢竟還是減肥，無論再厲害再容易維持的方法都不可能瘦了就永不發福，也不可能一旦堅持就沒有想鬆懈的瞬間，如何不被欲望撲倒，需要適時跟誘惑打交道，但要達到目標還是需要一定的努力。

我常跟大家說「什麼都能吃，只要留意醣分、控制分量」這句話並沒有什麼玄機，意思就是平日好好減醣，碰到很想吃的犯規食物偶爾吃一點不會怎樣。但是，重點來了，如果還沒達到階段目標就動不動心想：「吃一點有什麼關係！」或是「明天再開始好了」這樣，是不可能瘦下來的。

控制好分量，麵包甜點照樣吃

還有，在家裡我很喜歡各種手做烘焙，幾乎每週都會製作，接觸澱粉和甜點的機會很多。許多讀者常問我：「我看妳很愛烘焙，這樣怎麼減得了肥？」「妳不是在減醣？做麵包妳都不吃嗎？」

關於這些問題，答案是我一定會吃，因為必須試吃才知道到底滿不滿意。雖然都會嚐，但是我吃的量很注意；一樣會吃高醣分的食物，但是減醣期間就是超級節制。

好好感受生活中的各種美好很重要，是日常不可或缺的調劑，像美食這樣的誘惑並不是惡魔，當你清楚體認大部分食物的醣分多寡，和食用的分量比重後，日常自然會拿捏飲食的分寸。當自我的要求做到了，適時的享受才能有更多動力前進，不是嗎？

好好減醣、懂得適時放鬆，生活更健康更有活力，每一天都會更值得期待！

和孩子一起烘焙是我們的生活習慣，也是促進感情的休閒活動，完全不妨礙我對減醣的熱愛。

附錄 2

營養成分速查表

可裁下速查表貼在冰箱上，或另外收納以便時常翻閱，
購買食材及計算搭配時都更迅速方便。等熟悉書中減醣料理的製作方法，
就不用經常翻書，只要直接看表格就能馬上料理，效率更高！

澱粉類食物營養成分速查表

糙米飯

P.064

材料	分量	總醣（g）	熱量（cal）	膳食纖維（g）	蛋白質（g）	脂肪（g）
糙米	1米杯（約140g）	99	497	4.6	10.9	3.2
水	1½米杯	0	0	0	0	0
總計	熟糙米飯約330g	99	497	4.6	10.9	3.2
熟糙米飯	每10g	3	15	0.1	0.3	0.1

烤南瓜

P.066

材料	分量	總醣（g）	熱量（cal）	膳食纖維（g）	蛋白質（g）	脂肪（g）
台灣南瓜	100g	9.7	49	1.4	1.7	0.2
橄欖油	½小匙	0	22	0	0	2.5
海鹽	適量	0	0	0	0	0
總計	1人分	9.7	71	1.4	1.7	2.7

迷迭香海鹽薯條

P.067

材料	分量	總醣（g）	熱量（cal）	膳食纖維（g）	蛋白質（g）	脂肪（g）
黃皮馬鈴薯	100g	13.1	68	1.2	2.2	0.1
迷迭香	1枝	0	0	0	0	0
橄欖油	1小匙	0	44	0	0	5
海鹽	適量	0	0	0	0	0
總計	1人分	13.1	112	1.2	2.2	5.1

萬用披薩餅

P.068

材料	分量	總醣（g）	熱量（cal）	膳食纖維（g）	蛋白質（g）	脂肪（g）
高筋麵粉	160g	114	579	3	20.6	1.9
全麥麵粉	75g	47.5	269	6	9.8	1.3
洋車前子粉	15g	0.3	30	13.2	0	0
鹽	3g	0	0	0	0	0
赤藻醣醇	15g	15	0	0	0	0
速發乾酵母	2g	0.4	7	0.4	0.9	0
水	190ml	0	0	0	0	0
總計	12個	177.2	885	22.6	31.3	3.2
獨計	1個	14.8	74	1.9	2.6	0.3

微笑佛卡夏

P.072

材料	分量	總醣（g）	熱量（cal）	膳食纖維（g）	蛋白質（g）	脂肪（g）
高筋麵粉	130g	92.5	471	2.5	16.8	1.6
全麥麵粉	100g	63.4	359	8	13	1.7
杏仁粉	15g	6.4	80	0.7	1.5	5.5
洋車前子粉	5g	0.1	10	4.4	0	0
鹽	3g	0	0	0	0	0
速發乾酵母	2g	0.4	7	0.4	0.9	0
赤藻醣醇	8g	8	0	0	0	0
橄欖油	15ml	0	133	0	0	15
水	195ml	0	0	0	0	0
橄欖油（分量外）	5ml	0	44	0	0	5
總計	12個	170.8	1104	16	32.2	28.8
獨計	1個	14.2	92	1.3	2.7	2.4

胚芽可可餐包

P.076

材料	分量	總醣（g）	熱量（cal）	膳食纖維（g）	蛋白質（g）	脂肪（g）
高筋麵粉	140g	99.6	507	2.7	18.1	1.7
全麥麵粉	70g	44.4	251	5.6	9.1	1.2
小麥胚芽	25g	9.5	104	2.5	7.8	2.9
黃豆粉	15g	2.8	60	2	5.6	2.5
無糖可可粉	7g	0.8	28	0	1.6	1.6
鹽	3g	0	0	0	0	0
速發乾酵母	2g	0.4	7	0.4	0.9	0
楓糖漿	20ml	18	73	0	0	0
水	185ml	0	0	0	0	0
無鹽奶油	40g	0.4	293	0	0.2	33.1
總計	12個	175.9	1323	13.2	43.3	43
獨計	1個	14.7	110	1.1	3.6	3.6

活力減醣早餐營養成分速查表

蒸烤青花菜

P.082

材料	分量	總醣（g）	熱量（cal）	膳食纖維（g）	蛋白質（g）	脂肪（g）
青花菜	100g	1.3	28	3.1	3.7	0.2
黃芥末籽醬	1小匙	0	1	0	0	0
美奶滋	1小匙	0.7	32	0	0	3
總計	1人分	2	61	3.1	3.7	3.2

番茄櫛瓜溫沙拉

P.083

材料	分量	總醣（g）	熱量（cal）	膳食纖維（g）	蛋白質（g）	脂肪（g）
綠櫛瓜	½根（約50g）	0.4	7	0.5	1.1	0
黃櫛瓜	½根（約75g）	1.3	11	0.7	1.1	0.1
大番茄	½個（約75g）	2.3	14	0.8	0.6	0.1
橄欖油	2小匙	0	88	0	0	10
海鹽	適量	0	0	0	0	0
總計	1人分	4	120	2	2.8	10.2

油醋綠沙拉

P.084

材料	分量	總醣（g）	熱量（cal）	膳食纖維（g）	蛋白質（g）	脂肪（g）
紅葉萵苣	25g	0.1	4	0.5	0.3	0.1
皺葉萵苣	25g	0.6	5	0.4	0.3	0.1
冷壓初榨橄欖油	2小匙	0	88	0	0	10
巴薩米克醋	1小匙	2.3	11	0	0	0
海鹽	少許	0	0	0	0	0
總計	1人分	3	108	0.9	0.6	10.2

薑煸紅椒油菜花

P.085

材料	分量	總醣（g）	熱量（cal）	膳食纖維（g）	蛋白質（g）	脂肪（g）
紅甜椒	50g	2.7	17	0.8	0.4	0.3
油菜花	100g	1.7	31	2.3	3.2	0.8
老薑	2片	0.4	3	0.2	0.1	0
椰子油	1小匙	0	44	0	0	5
鹽	¼小匙	0	0	0	0	0
總計	1人分	4.8	95	3.3	3.7	6.1

水煮蛋牛肉生菜沙拉

P.086

材料	分量	總醣（g）	熱量（cal）	膳食纖維（g）	蛋白質（g）	脂肪（g）
水煮蛋	1個	0.9	79	0	7.7	5.1
牛嫩肩里肌肉片	100g	1.8	188	0	20	11.4
美生菜	100g	1.9	13	0.9	0.7	0.1
聖女小番茄	100g	5.2	35	1.5	1.1	0.7
醬油	2小匙	1.5	9	0	0.8	0
無糖蘋果醋	1小匙	0	0	0	0	0
冷壓初榨橄欖油	1小匙	0	44	0	0	5
蜂蜜	1g	0.8	3	0	0	0
總計	1人分	12.1	371	2.4	30.3	22.3

蘋果地瓜小星球

P.096

材料	分量	總醣（g）	熱量（cal）	膳食纖維（g）	蛋白質（g）	脂肪（g）
紅肉地瓜	40g	9.2	46	1	0.7	0.1
蘋果	25g	3.2	13	0.3	0.1	0
苜蓿芽	30g	0.3	6	0.5	1	0.1
總計	1人分	12.7	65	1.8	1.8	0.2

清蒸時蔬佐和風醬

P.088

材料	分量	總醣（g）	熱量（cal）	膳食纖維（g）	蛋白質（g）	脂肪（g）
玉米筍	50g	1.6	16	1.3	1.1	0.1
甜豌豆莢	50g	2.3	21	1.4	1.5	0.1
新鮮香菇	50g	1.9	20	1.9	1.5	0.1
味噌	½小匙	0.8	6	0.1	0.3	0.1
白醋	1小匙	0.1	1	0	0	0
醬油	1小匙	0.7	5	0	0.4	0
蘋果泥	1小匙	0.6	3	0.1	0	0
冷壓初榨橄欖油	1小匙	0	44	0	0	0
總計	1人分	8	116	4.8	4.8	0.4

神奇軟嫩漬雞胸肉片

P.090

材料	分量	總醣（g）	熱量（cal）	膳食纖維（g）	蛋白質（g）	脂肪（g）
雞胸肉	100g	0	104	0	22.4	0.9
鹽	1g	0	0	0	0	0
橄欖油	1小匙	0	44	0	0	0
總計	1人分	0	148	0	22.4	0.9

香草松阪豬

P.094

材料	分量	總醣（g）	熱量（cal）	膳食纖維（g）	蛋白質（g）	脂肪（g）
松阪豬肉片	100g	0.8	284	0	17.2	23.3
海鹽	適量	0	0	0	0	0
義大利綜合香草	適量	0	0	0	0	0
橄欖油	½小匙	0	22	0	0	2.5
總計	1人分	0.8	306	0	17.2	25.8

青蔥炒肉

P.092

材料	分量	總醣（g）	熱量（cal）	膳食纖維（g）	蛋白質（g）	脂肪（g）
豬二層肉（離緣肉）	100g	0	209	0	20.4	13.5
青蔥	1枝	1.1	8	0.7	0.4	0.1
鹽	2小撮	0	0	0	0	0
白胡椒粉	少許	0	0	0	0	0
醬油	1小匙	0.7	5	0	0.4	0
味醂	1小匙	2.7	11	0	0	0
橄欖油	1小匙	0	44	0	0	5
總計	1人分	4.5	277	0.7	21.2	18.6

太陽蛋

P.097

材料	分量	總醣（g）	熱量（cal）	膳食纖維（g）	蛋白質（g）	脂肪（g）
雞蛋	1個	0.8	73	0	6.7	4.8
油	1小匙	0	44	0	0	5
海鹽	少許	0	0	0	0	0
總計	1人分	0.8	117	0	6.7	9.8

雞蛋沙拉

P.104

材料	分量	總醣（g）	熱量（cal）	膳食纖維（g）	蛋白質（g）	脂肪（g）
雞蛋	2個	1.8	134	0	12.5	8.8
美奶滋	1½大匙	3	145	0	0.3	14.9
鹽	2小撮	0	0	0	0	0
黑胡椒	少許	0	0	0	0	0
總計	2人分	4.8	279	0	12.8	23.7
獨計	1人分	2.4	140	0	6.4	11.9

嫩滑歐姆蛋

P.098

材料	分量	總醣（g）	熱量（cal）	膳食纖維（g）	蛋白質（g）	脂肪（g）
雞蛋	1個	0.8	73	0	6.7	4.8
鮮奶	25ml	1.2	16	0	0.8	0.9
鹽	2小撮	0	0	0	0	0
黑胡椒	少許	0	0	0	0	0
無鹽奶油	5g	0	37	0	0	4.1
總計	1人分	2	126	0	7.5	9.8

奶油蘑菇菠菜烤蛋盅

P.100

材料	分量	總醣（g）	熱量（cal）	膳食纖維（g）	蛋白質（g）	脂肪（g）
雞蛋	2個	1.7	145	0	13.4	9.6
洋菇	40g	1	10	0.5	1.2	0.1
菠菜	100g	0.5	18	1.9	2.2	0.3
乳酪絲	1大匙	0.7	48	0	3.8	3.4
鹽	1小匙	0	0	0	0	0
無鹽奶油	10g	0.1	73	0	0.1	8.3
總計	1人分	4	294	2.4	20.7	21.7

培根青花菜螺旋麵

P.102

材料	分量	總醣（g）	熱量（cal）	膳食纖維（g）	蛋白質（g）	脂肪（g）
青花菜	100g	1.3	28	3.1	3.7	0.2
螺旋義大利麵	15g	10.6	54	0.3	2.1	0.2
培根	30g	0.3	110	0	4	10.2
大蒜	1粒	1.1	6	0.2	0.3	0
橄欖油	1小匙	0	44	0	0	5
鹽	¼小匙	0	0	0	0	0
黑胡椒	少許	0	0	0	0	0
總計	1人分	13.3	242	3.6	10.1	15.6

蜂蜜草莓優格杯

P.105

材料	分量	總醣（g）	熱量（cal）	膳食纖維（g）	蛋白質（g）	脂肪（g）
草莓	50g	3.8	20	0.9	0.5	0.1
蜂蜜	½小匙	2	8	0	0	0
無糖優格	100g	4.6	62	0	3.3	3.4
總計	1人分	10.4	90	0.9	3.8	3.5

奇異果藍莓起司盅

P.108

材料	分量	總醣（g）	熱量（cal）	膳食纖維（g）	蛋白質（g）	脂肪（g）
藍莓	20g	2.3	11	0.5	0.1	0.1
綠肉奇異果	1顆（約100g）	11.3	56	2.7	1.1	0.3
乳酪起司	15g	0.4	39	0	0.8	3.8
總計	1人分	14	106	3.2	2	4.2

紅茶歐蕾

P.106

材料	分量	總醣（g）	熱量（cal）	膳食纖維（g）	蛋白質（g）	脂肪（g）
紅茶茶葉	2g	0	0	0	0	0
鮮奶	50ml	2.4	32	0	1.5	1.8
水	200ml	0	0	0	0	0
總計	1人分	2.4	32	0	1.5	1.8

燕麥豆漿

P.107

材料	分量	總醣（g）	熱量（cal）	膳食纖維（g）	蛋白質（g）	脂肪（g）
黃豆	15g	2.7	58	2.2	5.3	2.4
即食燕麥片	5g	2.9	20	0.5	0.6	0.5
水	350ml	0	0	0	0	0
總計	1人分	5.6	78	2.7	5.9	2.9

溫檸檬奇亞籽飲

P.109

材料	分量	總醣（g）	熱量（cal）	膳食纖維（g）	蛋白質（g）	脂肪（g）
奇亞籽	5g	0	25	1.9	1	1.8
檸檬汁	1小匙	0.3	2	0	0	0
開水	300ml	0	0	0	0	0
總計	1人分	0.3	27	1.9	1	1.8

高纖蔬果汁

P.110

材料	分量	總醣（g）	熱量（cal）	膳食纖維（g）	蛋白質（g）	脂肪（g）
蘋果	80g	10.1	41	1	0.2	0.1
高麗菜	50g	1.8	12	0.6	0.7	0.1
胡蘿蔔	30g	1.7	11	0.8	0.3	0.1
開水	150ml	0	0	0	0	0
總計	1人分	13.6	64	2.4	1.2	0.3

玫瑰果醋

P.111

材料	分量	總醣（g）	熱量（cal）	膳食纖維（g）	蛋白質（g）	脂肪（g）
玫瑰花醋	2小匙	5.1	23	0	0	0
開水	80ml	0	0	0	0	0
冰塊	少許	0	0	0	0	0
總計		5.1	23	0	0	0

豐盛減醣午餐營養成分速查表

油醋彩椒

P.114

材料	分量	總醣（g）	熱量（cal）	膳食纖維（g）	蛋白質（g）	脂肪（g）
紅甜椒	50g	2.7	17	0.8	0.4	0.3
黃甜椒	50g	2.1	14	0.9	0.4	0.1
冷壓初榨橄欖油	1小匙	0	44	0	0	5
巴薩米克醋	½小匙	1.2	5	0	0	0
海鹽	少許	0	0	0	0	0
總計	1人分	6	80	1.7	0.8	5.4

橙漬白蘿蔔

P.115

材料	分量	總醣（g）	熱量（cal）	膳食纖維（g）	蛋白質（g）	脂肪（g）
白蘿蔔	100g	2.8	18	1.1	0.5	0.1
鹽	¼小匙	0	0	0	0	0
現榨柳橙汁	15ml	1.3	6	0.3	0.1	0
無糖蘋果醋	1小匙	0	0	0	0	0
蜂蜜	1g	0.8	3	0	0	0
總計	2人分	4.9	27	1.4	0.6	0.1
獨計	1人分	2.5	14	0.7	0.3	0.05

鵝油油蔥高麗菜

P.116

材料	分量	總醣（g）	熱量（cal）	膳食纖維（g）	蛋白質（g）	脂肪（g）
高麗菜	100g	3.7	23	1.1	1.3	0.1
鵝油油蔥酥	2小匙	1.5	81	0	0.1	8.3
鹽	少許	0	0	0	0	0
總計	1人分	5.2	104	1.1	1.4	8.4

辣拌芝麻豆芽

P.118

材料	分量	總醣（g）	熱量（cal）	膳食纖維（g）	蛋白質（g）	脂肪（g）
黃豆芽	300g	0	102	8.1	16.2	3.6
蒜泥	2小匙	2.2	12	0.4	0.7	0
白芝麻（生）	2小匙	0.5	63	1.1	2	5.9
韓國辣椒粉	2小匙	1.6	22	4	1.5	0.8
白芝麻油	2小匙	0	83	0	0	9.2
鹽	½小匙	0	0	0	0	0
總計	6人分	4.3	282	13.6	20.4	19.5
獨計	1人分	0.7	47	2.3	3.4	3.3

三杯豆腐菇菇時蔬

P.122

材料	分量	總醣（g）	熱量（cal）	膳食纖維（g）	蛋白質（g）	脂肪（g）
紅甜椒	50g	2.7	17	0.8	0.4	0.3
黃甜椒	50g	2.1	14	0.9	0.4	0.1
杏鮑菇	50g	2.6	21	1.6	1.4	0.1
鴻喜菇	50g	1.5	15	1.1	1.5	0.1
油豆腐	50g	0.5	69	0.3	6.3	4.5
九層塔	15g	0.2	4	0.5	0.4	0.1
水	1小匙	0	0	0	0	0
黑麻油	2小匙	0	88	0	0	10
醬油	1小匙	0.7	5	0	0.4	0
米酒	2小匙	0.5	11	0	0	0
大蒜	2粒	2.2	12	0.4	0.7	0
老薑	3片	0.4	3	0.2	0.1	0
總計	1人分	13.4	259	5.8	11.6	15.2

芥末秋葵

P.120

材料	分量	總醣（g）	熱量（cal）	膳食纖維（g）	蛋白質（g）	脂肪（g）
秋葵	50g	1.9	18	1.9	1.1	0.1
芥末醬	½小匙	1.6	9	0.2	0	0.2
醬油膏	1小匙	0.9	5	0	0.3	0
醬油	½小匙	0.4	3	0	0.2	0
柴魚片	少許	0	0	0	0	0
總計	1人分	4.8	35	2.1	1.6	0.3

涼拌香菜紫茄

P.124

材料	分量	總醣（g）	熱量（cal）	膳食纖維（g）	蛋白質（g）	脂肪（g）
茄子	½根（約100g）	2.6	25	2.7	1.2	0.2
大蒜	1粒	1.1	6	0.2	0.3	0
醬油	½大匙	1.1	7	0	0.6	0
烏醋	½大匙	0.7	3	0	0.5	0
白芝麻油	1小匙	0	44	0	0	5
辣椒	1根	0.2	2	0.3	0.1	0
香菜	1束	0.2	3	0.3	0.2	0
總計	1人分	5.9	90	3.5	2.9	5.2

椒麻青花筍

P.126

材料	分量	總醣（g）	熱量（cal）	膳食纖維（g）	蛋白質（g）	脂肪（g）
青花菜筍	100g	2.1	32	3	3	0.5
大蒜	1粒	1.1	6	0.2	0.3	0
花椒粒	½小匙	0	0	0	0	0
乾辣椒	2根	0.2	8	0.8	0.4	0.3
鹽	¼小匙	0	0	0	0	0
橄欖油	1小匙	0	44	0	0	5
總計	1人分	3.4	90	4	3.7	5.8

西芹胡蘿蔔燴腐皮

P.128

材料	分量	總醣(g)	熱量(cal)	膳食纖維(g)	蛋白質(g)	脂肪(g)
西洋芹菜	100g	0.6	11	1.6	0.4	0.2
胡蘿蔔	30g	1.7	11	0.8	0.3	0.1
豆腐皮	100g	3.9	199	0.6	25.3	8.8
大蒜	2粒	2.2	12	0.4	0.7	0
鹽	¼小匙	0	0	0	0	0
辣豆瓣醬	1小匙	0.4	5	0.3	0.2	0.2
沙茶醬	1小匙	0.3	36	0.2	0.5	3.6
醬油	1小匙	0.7	5	0	0.4	0
水	2大匙	0	0	0	0	0
橄欖油	2小匙	0	88	0	0	10
總計	1人分	9.8	367	3.9	27.8	22.9

宮保雞丁

P.132

材料	分量	總醣(g)	熱量(cal)	膳食纖維(g)	蛋白質(g)	脂肪(g)
雞胸肉	150g	0	156	0	33.6	1.4
小黃瓜(花胡瓜)	1根(約100g)	1.1	13	1.3	0.9	0.2
乾辣椒	2根	0	0	0	0	0
蒜末	1小匙	1.1	6	0.2	0.3	0
薑末	1小匙	0.4	3	0.2	0.1	0
水	1大匙	0	0	0	0	0
香油	1小匙	0	44	0	0	5
鹽	½小匙	0	0	0	0	0
醬油	1小匙	0.7	5	0	0.4	0
鹽	¼小匙	0	0	0	0	0
烏醋	1小匙	0.4	2	0	0	0
總計	1人分	3.7	229	1.7	35.3	6.6

XO醬煸四季豆

P.130

材料	分量	總醣（g）	熱量（cal）	膳食纖維（g）	蛋白質（g）	脂肪（g）
四季豆（敏豆莢）	100g	3.3	30	2	1.7	0.2
XO醬（干貝醬）	2小匙	0.7	56	0.1	1.7	5.1
大蒜	1粒	1.1	6	0.2	0.3	0
鹽	少許	0	0	0	0	0
總計	1人分	5.1	92	2.3	3.7	5.3

乳酪雞肉捲

P.134

材料	分量	總醣（g）	熱量（cal）	膳食纖維（g）	蛋白質（g）	脂肪（g）
無骨雞腿排	1片（約150g）	0	236	0	27.8	13.1
莫扎瑞拉起司片	1片（約22g）	0.2	65	0	5.4	4.7
鹽	適量	0	0	0	0	0
黑胡椒	少許	0	0	0	0	0
總計	1人分	0.2	301	0	33.2	17.8

黑胡椒醬烤雞翅

P.136

材料	分量	總醣（g）	熱量（cal）	膳食纖維（g）	蛋白質（g）	脂肪（g）
雞翅	5隻（約150g）	0	229	0	18.1	16.8
大蒜	1粒	1.1	6	0.2	0.3	0
醬油	1大匙	2.2	14	0	1.2	0
清酒	1大匙	0.7	16	0	0.1	0
鹽	少許	0	0	0	0	0
黑胡椒粉	少許	0	0	0	0	0
總計	1人分	4	265	0.2	19.7	16.8

蒜片牛排

P.142

材料	分量	總醣（g）	熱量（cal）	膳食纖維（g）	蛋白質（g）	脂肪（g）
沙朗牛排	1片（約150g）	2.3	243	0	30.6	12.4
大蒜	2粒	2.2	12	0.4	0.7	0
橄欖油	2小匙	0	88	0	0	10
海鹽	適量	0	0	0	0	0
黑胡椒	少許	0	0	0	0	0
總計	1人分	4.5	343	0.4	31.3	22.4

炙烤牛小排

P.144

材料	分量	總醣（g）	熱量（cal）	膳食纖維（g）	蛋白質（g）	脂肪（g）
牛小排燒烤肉片	100g	0	290	0	17.1	24
現榨柳橙汁	2小匙	0.9	4	0.2	0.1	0
醬油	2小匙	1.5	9	0	0.8	0
清酒	2小匙	0.5	11	0	0	0
橄欖油	微量（約½小匙）	0	22	0	0	2.5
總計	1人分	2.9	336	0.2	18	26.5

台式豬排

P.140

材料	分量	總醣（g）	熱量（cal）	膳食纖維（g）	蛋白質（g）	脂肪（g）
豬小里肌烤肉片	100g	0	139	0	21.1	5.4
醬油	½大匙	1.1	7	0	0.6	0
米酒	2小匙	0.5	11	0	0.1	0
大蒜	1粒	1.1	6	0.2	0.3	0
五香粉	1小撮	0	0	0	0	0
橄欖油	1小匙	0	44	0	0	5
總計	1人分	2.7	207	0.2	22.1	10.4

韓國泡菜豬肉

P.138

材料	分量	總醣（g）	熱量（cal）	膳食纖維（g）	蛋白質（g）	脂肪（g）
豬五花肉片	200g	1	720	0	29.8	65.8
韓式泡菜	140g	4.2	49	3.9	2.8	0.6
韭菜	¼束（30g）	0.5	9	0.7	0.6	0.1
蒜末	1小匙	1.1	7	0.2	0.3	0
薑末	1小匙	0.6	3	0.2	0.1	0
青蔥	2根	1.1	8	0.7	0.4	0.1
醬油	2小匙	1.5	9	0	0.8	0
麻油	1大匙	0	133	0	0	15
總計	2人分	10	938	5.7	34.8	81.6
獨計	1人分	5	469	2.9	17.4	40.8

豆腐漢堡排

P.148

材料	分量	總醣（g）	熱量（cal）	膳食纖維（g）	蛋白質（g）	脂肪（g）
板豆腐	100g	5.4	88	0.6	8.5	3.4
豬絞肉	80g	0	170	0	15	11.7
洋蔥	40g	3.2	17	0.6	0.4	0.1
胡蘿蔔	40g	2.3	15	1.1	0.4	0.1
雞蛋	1個	0.8	73	0	6.7	4.8
薑末	½小匙	0.2	2	0.1	0.1	0
黃豆粉	1大匙	2.8	60	2	5.6	2.5
鹽	½小匙	0	0	0	0	0
油	½小匙	0	22	0	0	2.5
總計	2人分	14.7	447	4.4	36.7	25.1
獨計	1人分	7.4	224	2.2	18.4	12.6

鹽蔥豆腐

P.146

材料	分量	總醣（g）	熱量（cal）	膳食纖維（g）	蛋白質（g）	脂肪（g）
板豆腐（傳統豆腐）	100g	5.4	88	0.6	8.5	3.4
洋蔥	10g	0.8	4	0.1	0.1	0
青蔥	10g	0.4	3	0.2	0.1	0
胡椒鹽	少許	0	0	0	0	0
鹽	¼小匙	0	0	0	0	0
橄欖油	½小匙	0	22	0	0	2.5
總計	1人分	6.6	117	0.9	8.7	5.9

筊白筍味噌湯

P.150

材料	分量	總醣（g）	熱量（cal）	膳食纖維（g）	蛋白質（g）	脂肪（g）
乾昆布	10g	0	0	0	0	0
味噌	1大匙	4.3	32	0.7	1.6	0.7
柴魚片	10g	0	0	0	0	0
茭白筍	150g	2.9	30	3.1	2	0.3
鹽	1小匙	0	0	0	0	0
水	1000ml	0	0	0	0	0
總計	2人分	7.2	62	3.8	3.6	1
獨計	1人分	3.6	31	1.9	1.8	0.5

冷泡麥茶

P.153

材料	分量	總醣（g）	熱量（cal）	膳食纖維（g）	蛋白質（g）	脂肪（g）
麥茶茶包	1袋	0	0	0	0	0
開水	1000ml	0	0	0	0	0
總計	1000ml	0	0	0	0	0

櫻花蝦海帶芽湯

P.152

材料	分量	總醣（g）	熱量（cal）	膳食纖維（g）	蛋白質（g）	脂肪（g）
乾昆布	10g	0	0	0	0	0
櫻花蝦乾（熟）	5g	0	5	0	1	0.1
乾海帶芽	10g	0.7	23	3.4	2.3	0.1
水	1000ml	0	0	0	0	0
鹽	1½小匙	0	0	0	0	0
青蔥	1根	0.6	4	0.3	0.2	0
總計	2人分	1.3	32	3.7	3.5	0.2
獨計	1人分	0.7	16	1.9	1.8	0.1

輕食減醣晚餐營養成分速查表

小魚金絲油菜

P.156

材料	分量	總醣（g）	熱量（cal）	膳食纖維（g）	蛋白質（g）	脂肪（g）
油菜	100g	0	12	1.6	1.4	0.2
小魚乾	5g	0	17	0	3.5	0.2
雞蛋	1個	0.8	73	0	6.7	4.8
鹽	少許	0	0	0	0	0
油	1小匙	0	44	0	0	5
總計	1人分	0.8	146	1.6	11.6	10.2

薑煸菇菇玉米筍

P.158

材料	分量	總醣（g）	熱量（cal）	膳食纖維（g）	蛋白質（g）	脂肪（g）
玉米筍	50g	1.6	16	1.3	1.1	0.1
鴻喜菇	100g	3.1	30	2.2	2.9	0.1
老薑	3片	0.4	3	0.2	0.1	0
黑芝麻油	1小匙	0	44	0	0	5
鹽	¼小匙	0	0	0	0	0
總計	1人分	5.1	93	3.7	4.1	5.2

青蔥番茄炒秀珍菇

P.160

材料	分量	總醣（g）	熱量（cal）	膳食纖維（g）	蛋白質（g）	脂肪（g）
番茄	1個（約150g）	4.7	29	1.5	1.2	0.1
秀珍菇	50g	1.6	14	0.7	1.6	0.1
青蔥	1根	0.6	4	0.3	0.2	0
醬油	1小匙	0.7	5	0	0.4	0
味醂	½小匙	1.4	6	0	0	0
鹽	½小匙	0	0	0	0	0
橄欖油	1小匙	0	44	0	0	5
總計	1人分	9	102	2.5	3.4	5.2

冷拌蒜蓉龍鬚菜

P.162

材料	分量	總醣（g）	熱量（cal）	膳食纖維（g）	蛋白質（g）	脂肪（g）
龍鬚菜	100g	2.3	22	1.3	2.4	0.2
胡蘿蔔	15g	0.9	6	0.4	0.1	0
大蒜	1粒	1.1	6	0.2	0.3	0
醬油	1小匙	0.7	5	0	0.4	0
鹽	1小匙	0	0	0	0	0
椰子油	1小匙	0	44	0	0	5
總計	1人分	5	83	1.9	3.2	5.2

奶油香菇蘆筍燒

P.164

材料	分量	總醣（g）	熱量（cal）	膳食纖維（g）	蛋白質（g）	脂肪（g）
綠蘆筍	½把（約80g）	2.5	18	1.1	1	0.2
新鮮香菇	80g	3.1	31	3	2.4	0.1
紫洋蔥	50g	2.8	16	0.8	0.5	0.1
味噌	½小匙	0.8	6	0.1	0.3	0.1
清酒	2小匙	0.5	11	0	0	0
鹽	¼小匙	0	0	0	0	0
黑胡椒	少許	0	0	0	0	0
無鹽奶油	5g	0	37	0	0	4.1
總計	1人分	9.7	119	5	4.2	4.6

檸檬雞腿排

P.168

材料	分量	總醣（g）	熱量（cal）	膳食纖維（g）	蛋白質（g）	脂肪（g）
無骨雞腿排	1片（約150g）	0	236	0	27.8	13.1
檸檬汁	2小匙	0.7	3	0	0	0.1
橄欖油	1小匙	0	44	0	0	5
鹽	1g	0	0	0	0	0
黑胡椒	少許	0	0	0	0	0
總計	1人分	0.7	283	0	27.8	18.2

木耳滑菇炒青江菜

P.166

材料	分量	總醣（g）	熱量（cal）	膳食纖維（g）	蛋白質（g）	脂肪（g）
青江菜	100g	0.7	13	1.4	1.3	0.1
金針菇	½包（約100g）	4.9	37	2.3	2.6	0.3
黑木耳	50g	0.7	19	3.7	0.5	0.1
大蒜	1粒	1.1	6	0.2	0.3	0
白胡椒粉	少許	0	0	0	0	0
烏醋	1小匙	0.4	2	0	0	0
鹽	⅓小匙	0	0	0	0	0
橄欖油	1小匙	0	44	0	0	5
總計	1人分	7.8	121	7.6	4.7	5.5

黑胡椒洋蔥豬肉

P.170

材料	分量	總醣（g）	熱量（cal）	膳食纖維（g）	蛋白質（g）	脂肪（g）
洋蔥	50g	4.1	21	0.7	0.5	0.1
豬後腿肉	100g	0.4	123	0	20.4	4
青蔥	1根	0.6	4	0.3	0.2	0
黑胡椒	少許	0	0	0	0	0
醬油	2小匙	1.5	9	0	0.8	0
米酒	1小匙	0.2	5	0	0	0
橄欖油	1小匙	0	44	0	0	5
總計	1人分	6.8	206	1	21.9	9.1

速蒸比目魚

P.174

材料	分量	總醣（g）	熱量（cal）	膳食纖維（g）	蛋白質（g）	脂肪（g）
比目魚片	1片（約150g）	1.2	285	0	19.8	22.2
青蔥	1根	0.6	4	0.3	0.2	0
醬油	2小匙	1.5	9	0	0.8	0
米酒	1小匙	0.2	5	0	0	0
總計	1人分	3.5	303	0.3	20.8	22.2

韓式蔬菜牛肉

P.172

材料	分量	總醣（g）	熱量（cal）	膳食纖維（g）	蛋白質（g）	脂肪（g）
牛梅花 火鍋肉片	100g	0.9	120	0	20.3	3.7
青椒	75g	2.1	17	1.6	0.6	0.2
黃甜椒	50g	2.1	14	0.9	0.4	0.1
胡蘿蔔	50g	2.9	19	1.4	0.5	0.1
鹽	⅓小匙	0	0	0	0	0
醬油	1大匙	2.2	14	0	1.2	0
蘋果泥	1大匙	1.9	8	0.2	0	0
蒜泥	1小匙	1.1	6	0.2	0.3	0
香油	1小匙	0	44	0	0	5
白芝麻	3g	0.2	19	0.3	0.6	1.8
總計	1人分	13.4	261	4.6	23.9	10.9

鹽烤鮭魚

P.176

材料	分量	總醣（g）	熱量（cal）	膳食纖維（g）	蛋白質（g）	脂肪（g）
紅肉 鮭魚片	1片 （約150g）	0	237	0	36.5	9
鹽	適量	0	0	0	0	0
橄欖油	1小匙	0	44	0	0	5
總計	1人分	0	281	0	36.5	14

香煎奶油干貝

P.186

材料	分量	總醣（g）	熱量（cal）	膳食纖維（g）	蛋白質（g）	脂肪（g）
干貝	150g	2.5	86	0	19.1	0.6
無鹽奶油	5g	0	37	0	0	4.1
胡椒鹽	少許	0	0	0	0	0
總計	1人分	2.5	123	0	19.1	4.7

椒鹽魚片

P.178

材料	分量	總醣（g）	熱量（cal）	膳食纖維（g）	蛋白質（g）	脂肪（g）
鯛魚片	100g	2.5	110	0	18.2	3.6
黃豆粉	1小匙	0.9	20	0.7	1.9	0.8
大蒜	1粒	1.1	6	0.2	0.3	0
青蔥	1根	0.6	4	0.3	0.2	0
乾辣椒	1根	0	0	0	0	0
胡椒鹽	適量	0	0	0	0	0
鹽	適量	0	0	0	0	0
油	2小匙	0	88	0	0	10
總計	1人分	5.1	228	1.2	20.6	14.4

蒜辣爆炒鮮蝦

P.182

材料	分量	總醣（g）	熱量（cal）	膳食纖維（g）	蛋白質（g）	脂肪（g）
草蝦仁	150g	1.4	66	0	14.6	0.5
大蒜	2粒	2.2	12	0.4	0.7	0
乾辣椒	2根	0	0	0	0	0
黑胡椒	少許	0	0	0	0	0
鹽	適量	0	0	0	0	0
橄欖油	2小匙	0	88	0	0	10
總計	1人分	3.6	166	0.4	15.3	10.5

蒜苗鹽香小卷

P.188

材料	分量	總醣（g）	熱量（cal）	膳食纖維（g）	蛋白質（g）	脂肪（g）
小卷	150g	2.4	108	0	24	0.6
蒜苗	½根	2.6	16	1	0.7	0
米酒	1小匙	0.2	5	0	0	0
胡椒鹽	適量	0	0	0	0	0
橄欖油	1小匙	0	44	0	0	5
總計	1人分	5.2	173	1	24.7	5.6

居酒屋風炙烤花枝杏鮑菇

P.180

材料	分量	總醣(g)	熱量(cal)	膳食纖維(g)	蛋白質(g)	脂肪(g)
花枝	1尾（約100g）	3.7	57	0	12.2	0.6
杏鮑菇	100g	5.2	41	3.1	2.7	0.2
米酒	1小匙	0.2	5	0	0	0
鹽	2小撮	0	0	0	0	0
辣椒粉	少許	0.4	4	0.2	0.1	0.1
胡椒鹽	少許	0	0	0	0	0
油	1小匙	0	22	0	0	2.5
總計	1人分	9.5	129	3.3	15	3.4

毛豆蝦仁

P.184

材料	分量	總醣(g)	熱量(cal)	膳食纖維(g)	蛋白質(g)	脂肪(g)
毛豆仁	50g	3.1	65	3.2	7.3	1.6
白蝦蝦仁	100g	0	103	0	21.9	1
大蒜	1粒	1.1	6	0.2	0.3	0
米酒	1小匙	0.2	5	0	0	0
鹽	適量	0	0	0	0	0
白胡椒粉	少許	0	0	0	0	0
橄欖油	1小匙	0	44	0	0	5
總計	1人分	4.4	223	3.4	29.5	7.6

麻油紅鳳菜湯

P.193

材料	分量	總醣(g)	熱量(cal)	膳食纖維(g)	蛋白質(g)	脂肪(g)
紅鳳菜葉	50g	0.5	11	1.3	1.1	0.2
嫩薑	3片	0.1	1	0.1	0	0
黑芝麻油	1小匙	0	44	0	0	5
米酒	1小匙	0.2	5	0	0	0
水	350ml	0	0	0	0	0
鹽	½小匙	0	0	0	0	0
總計	1人分	0.8	61	1.4	1.1	5.2

鮮甜蔬菜玉米雞湯

P.190

材料	分量	總醣（g）	熱量（cal）	膳食纖維（g）	蛋白質（g）	脂肪（g）
雞胸骨	2副	2.4	108	0	18	3.6
大白菜	100g	2	17	0.9	1.2	0.3
胡蘿蔔	50g	2.9	19	1.4	0.5	0.1
黃玉米	1根	18.6	152	6.7	4.7	3.5
青蔥	1根	0.6	4	0.3	0.2	0
鹽	1½小匙	0	0	0	0	0
水	1000ml	0	0	0	0	0
總計	2人分	26.5	300	9.3	24.6	7.5
獨計	1人分	13.3	150	4.7	12.3	3.8

青蒜鱸魚湯

P.194

材料	分量	總醣（g）	熱量（cal）	膳食纖維（g）	蛋白質（g）	脂肪（g）
鱸魚魚片	1片（約100g）	0.9	98	0	19.9	1.5
蛤蜊	300g	8.1	111	0	22.8	1.5
青蔥	1根	0.6	4	0.3	0.2	0
蒜苗	半根	2.6	16	1	0.7	0
大蒜	1粒	1.1	6	0.2	0.3	0
九層塔	少許	0	1	0.1	0.1	0
清酒	1大匙	0.7	16	0	0.1	0
水	500ml	0	0	0	0	0
鹽	¼小匙	0	0	0	0	0
橄欖油	2小匙	0	88	0	0	10
總計	1人分	14	340	1.6	44.1	13

薑絲虱目魚湯

P.192

材料	分量	總醣（g）	熱量（cal）	膳食纖維（g）	蛋白質（g）	脂肪（g）
虱目魚片	100g	0.2	179	0	21.8	9.5
嫩薑	10g	0.4	2	0.1	0	0
米酒	1小匙	0.2	5	0	0	0
油	½小匙	0	22	0	0	2.5
水	400ml	0	0	0	0	0
鹽	⅓小匙	0	0	0	0	0
總計	1人分	0.8	208	0.1	21.8	12

韓式泡菜蛤蜊鯛魚鍋

P.196

材料	分量	總醣（g）	熱量（cal）	膳食纖維（g）	蛋白質（g）	脂肪（g）
蛤蜊	100g	2.7	37	0	7.6	0.5
鯛魚片	100g	2.5	110	0	18.2	3.6
嫩豆腐	150g	1.8	77	1.2	7.3	3.9
洋蔥	50g	4.1	21	0.7	0.5	0.1
美白菇	100g	3.3	27	1.5	2.4	0.3
韓式泡菜	30g	0.9	11	0.8	0.6	0.1
青蔥	1根	0.6	4	0.3	0.2	0
薑末	1小匙	0.4	3	0.2	0.1	0
蒜末	1小匙	1.1	6	0.2	0.3	0
醬油	2小匙	1.5	9	0	0.8	0
油	1小匙	0	44	0	0	5
香油	1小匙	0	44	0	0	5
鹽	1小匙	0	0	0	0	0
水	600ml	0	0	0	0	0
總計	1人分	18.9	393	4.9	38	18.5

減醣14天衝刺計劃表

準備事項	Monday	Tuesday	Wednesday
本週食材清單	一日攝取	一日攝取	一日攝取
	總醣量：	總醣量：	總醣量：
	總熱量：	總熱量：	總熱量：
	體　重：	體　重：	體　重：
	體　脂：	體　脂：	體　脂：

Thursday	Friday	Saturday	Sunday
一日攝取	一日攝取	一日攝取	一日攝取
總醣量：	總醣量：	總醣量：	總醣量：
總熱量：	總熱量：	總熱量：	總熱量：
體　重：	體　重：	體　重：	體　重：
體　脂：	體　脂：	體　脂：	體　脂：

準備事項	Monday	Tuesday	Wednesday
本週食材清單	一日攝取	一日攝取	一日攝取
	總醣量：	總醣量：	總醣量：
	總熱量：	總熱量：	總熱量：
	體　重：	體　重：	體　重：
	體　脂：	體　脂：	體　脂：

Thursday	Friday	Saturday	Sunday
一日攝取	一日攝取	一日攝取	一日攝取
總醣量：	總醣量：	總醣量：	總醣量：
總熱量：	總熱量：	總熱量：	總熱量：
體　重：	體　重：	體　重：	體　重：
體　脂：	體　脂：	體　脂：	體　脂：

ORO BAILEN 皇嘉
X
典釀
三分油的幽默
笑解一分醋意
美味比例享樂生活
RESERVA FAMILIAR
ORO BAILEN
ORO BAILEN
RESERVA FAMILIAR
EXTRA VIRGIN OLIVE OIL
ACEITE DE OLIVA VIRGEN EXTRA
Producto de España / Product of Spain
CALIDAD CERTIFICADA
C-05-45
NET CONT.
3.4 FL.OZ
La Vecchia Dispensa
CONDIMENT
with "Balsamic
Vinegar of Modena"
30 ml ℮
LINE

吃膩了外食，不如就來點輕食主義吧！
切點自己喜歡的水果，燙個水煮蛋或雞胸肉，
淋上橄欖油×巴薩米克醋。
又是營養滿分的一道料理！

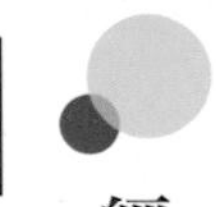

經典水果油醋沙拉

材料

酪梨	1顆
香橙	1顆
番茄	1顆
火龍果	1顆
水煮雞胸肉絲	適量
海鹽	少許
黑胡椒	少許
橄欖油	250ml
巴薩米克醋	5ml

作法

① 水滾後放入雞胸肉，蓋上鍋蓋關火，悶煮七至八分鐘即可放涼剝絲備用。
② 將酪梨、火龍果等水果切塊（也可切片）。
③ 將橄欖油及巴薩米克醋（油3：醋1）的比例加上適量的鹽及黑胡椒調和成油醋醬。
④ 將水果裝盤加入雞肉絲或水煮蛋，再淋上油醋醬即可食用。

一日三餐減醣料理

單週無壓力消失 2kg 的美味計劃，72 道低醣速瘦搭配餐

作　　者 | 陳怡婷／娜塔 Nata

責任編輯 | 楊玲宜 ErinYang
責任行銷 | 朱韻淑 Vina Ju
封面裝幀 | 比比司設計工作室
版面構成 | 比比司設計工作室

發 行 人 | 林隆奮 Frank Lin
社　　長 | 蘇國林 Green Su

總 編 輯 | 葉怡慧 Carol Yeh
主　　編 | 鄭世佳 Josephine Cheng
行銷主任 | 朱韻淑 Vina Ju
業務處長 | 吳宗庭 Tim Wu
業務主任 | 蘇倍生 Benson Su
業務專員 | 鍾依娟 Irina Chung
業務秘書 | 陳曉琪 Angel Chen
　　　　　莊皓雯 Gia Chuang

發行公司 | 精誠資訊股份有限公司
　　　　　悅知文化
地　　址 | 105台北市松山區復興北路99號12樓
專　　線 | (02) 2719-8811
傳　　真 | (02) 2719-7980
網　　址 | http://www.delightpress.com.tw
客服信箱 | cs@delightpress.com.tw
ISBN：978-986-510-252-4
二版四刷 | 2024年05月
建議售價 | 新台幣380元

本書若有缺頁、破損或裝訂錯誤，請寄回更換
Printed in Taiwan

國家圖書館出版品預行編目資料

一日三餐減醣料理：單週無壓力消失2kg的美味計劃,72道低醣速瘦搭配餐／娜塔Nata著. -- 二版. -- 臺北市：精誠資訊股份有限公司, 2022.11
　面；　公分
ISBN 978-986-510-252-4 (平裝)
1.CST: 食譜 2.CST: 減重

427.1　　　111017745

讀者回函　一日三餐減醣料理

感謝您購買本書。為提供更好的服務，請撥冗回答下列問題，以做為我們日後改善的依據。
請將回函寄回台北市復興北路99號12樓（免貼郵票），悅知文化感謝您的支持與愛護！

姓名：＿＿＿＿＿＿＿＿　性別：□男　□女　年齡：＿＿＿＿歲

聯絡電話：(日)＿＿＿＿＿＿＿＿　(夜)＿＿＿＿＿＿＿＿

Email：＿＿＿＿＿＿＿＿＿＿＿＿＿＿＿＿

通訊地址：□□□-□□＿＿＿＿＿＿＿＿＿＿＿＿＿＿＿＿

學歷：□國中以下 □高中 □專科 □大學 □研究所 □研究所以上

職稱：□學生 □家管 □自由工作者 □一般職員 □中高階主管 □經營者 □其他＿＿＿＿＿＿＿＿

平均每月購買幾本書：□4本以下 □4~10本 □10本~20本 □20本以上

- 您喜歡的閱讀類別？(可複選)

  □文學小說 □心靈勵志 □行銷商管 □藝術設計 □生活風格 □旅遊 □食譜 □其他＿＿＿＿＿＿＿＿

- 請問您如何獲得閱讀資訊？(可複選)

  □悅知官網、社群、電子報 □書店文宣 □他人介紹 □團購管道

  媒體：□網路 □報紙 □雜誌 □廣播 □電視 □其他＿＿＿＿＿＿＿＿

- 請問您在何處購買本書？

  實體書店：□誠品 □金石堂 □紀伊國屋 □其他＿＿＿＿＿＿＿＿

  網路書店：□博客來 □金石堂 □誠品 □PCHome □讀冊 □其他＿＿＿＿＿＿＿＿

- 購買本書的主要原因是？(單選)

  □工作或生活所需 □主題吸引 □親友推薦 □書封精美 □喜歡悅知 □喜歡作者 □行銷活動

  □有折扣＿＿＿＿折 □媒體推薦＿＿＿＿＿＿＿＿

- 您覺得本書的品質及內容如何？

  內容：□很好 □普通 □待加強 原因：＿＿＿＿＿＿＿＿

  印刷：□很好 □普通 □待加強 原因：＿＿＿＿＿＿＿＿

  價格：□偏高 □普通 □偏低 原因：＿＿＿＿＿＿＿＿

- 請問您認識悅知文化嗎？(可複選)

  □第一次接觸 □購買過悅知其他書籍 □已加入悅知網站會員www.delightpress.com.tw □有訂閱悅知電子報

- 請問您是否瀏覽過悅知文化網站？ □是 □否

- 您願意收到我們發送的電子報，以得到更多書訊及優惠嗎？ □願意 □不願意

- 請問您對本書的綜合建議：＿＿＿＿＿＿＿＿

- 希望我們出版什麼類型的書：＿＿＿＿＿＿＿＿

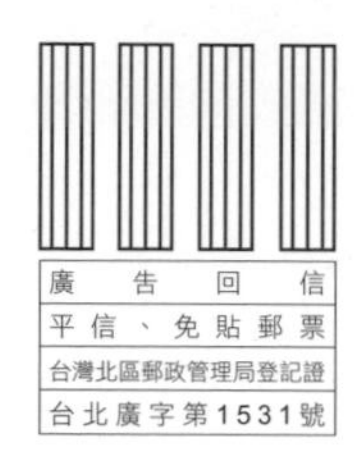

SYSTEX making it happen 精誠資訊 | dp 悅知文化 Delight Press

精誠公司悅知文化　收

105 台北市復興北路**99**號**12**樓

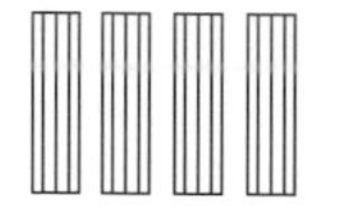

（請沿此虛線對折寄回）

單週無壓力消失2kg的美味計劃，
72道低醣速瘦搭配餐

dp 悅知文化 Delight Press